国防电子热点 2016

主　编　何小龙
副主编　黄　锋　宋　潇　李耐和　颉　靖

国防工业出版社
·北京·

内容简介

本书对2016年美国、欧盟、俄罗斯、日本等主要国家和地区国防电子领域50余个热点问题进行了深入研究和探讨,分为战略篇、国防电子工业篇、装备和技术篇、军用电子元器件篇、网络空间篇等五大部分。该书可供国防电子工业、装备技术、军用电子元器件、网络空间等领域管理人员和技术人员参考。

图书在版编目(CIP)数据

国防电子热点.2016/何小龙主编.—北京:国防工业出版社,2017.3
ISBN 978-7-118-11495-9

Ⅰ.①国… Ⅱ.①何… Ⅲ.①电子技术—研究—国外—2016 Ⅳ.①TN01

中国版本图书馆 CIP 数据核字(2017)第 325140 号

※

国防工业出版社出版发行
(北京市海淀区紫竹院南路23号 邮政编码100048)
三河市众誉天成印务有限公司印刷
新华书店经售

*

开本 710×1000 1/16 印张 16½ 字数 232 千字
2017 年 3 月第 1 版第 1 次印刷 印数 1—2000 册 定价 168.00 元

(本书如有印装错误,我社负责调换)

国防书店:(010)88540777　　发行邮购:(010)88540776
发行传真:(010)88540755　　发行业务:(010)88540717

编委会

主　任　尹丽波
副主任　何小龙　王　雁
委　员　黄　锋　宋　潇　李耐和　颉　靖

编写人员

黄　锋　　宋　潇　　李耐和　　颉　靖　　由鲜举　　田素梅　　党亚娟
潘　蕊　　王　巍　　李艳霄　　李　方　　苏　仟　　李　爽　　李婕敏
张　慧　　李铁成　　宋文文　　徐　晨　　陈小溪

PREFACE 前言

工业和信息化部电子第一研究所长期从事国防电子工业、装备技术、军用电子元器件、网络空间等领域的情报跟踪研究工作。2016年，在对国外国防电子领域进行密切跟踪和深入研究的基础上，形成了近百项研究成果，其中部分成果得到了领导机关和业内专家的肯定与好评。

为了使更多的领导和研究人员能够及时、准确地了解2016年国外国防电子领域的最新进展、重大动向及其对武器装备的潜在影响，现将部分成果集结成册，仅供参阅。

在专题研究过程中，研究人员得到了众多专家的悉心指导，在此深表谢意。由于时间和能力有限，疏漏或不妥之处在所难免，敬请批评指正。

工业和信息化部电子第一研究所

2016年12月

>> 战略篇

专题一：美国《国防部信息技术环境愿景》简析 …………… 003
专题二：美国创新思路发展未来计算 …………………………… 007
专题三：美国明确高性能计算目标实现路径 …………………… 012
专题四：欧盟委员会发布《量子宣言》草案 …………………… 016
专题五：《朝鲜军事与安全发展2015》报告解读 ……………… 022
专题六：日本新版《中长期防卫技术发展构想》评述 ………… 025
专题七：俄罗斯发布新版《信息安全学说》 …………………… 038
专题八：俄罗斯发布《国防工业发展》国家纲要 ……………… 042
专题九："欧洲云计划"助推欧洲大数据革命 ………………… 044
专题十：美国联合作战司令部发布《联合作战环境2035》 …… 047
专题十一：美国顶层谋划人工智能未来发展 …………………… 052
专题十二：美国智库发布半导体制造研究报告 ………………… 056

>> 国防电子工业篇

专题一：美/欧/日/俄2017财年军事电子领域预算投资简析 … 063
专题二：美/俄英国防电子工业管理体制机制最新调整简析 …… 068
专题三：美国国防部长宣布对硅谷DIUX进行重大调整 ………… 075
专题四：美国国防部应充分利用预备役人员的创新优势 ……… 077
专题五：俄罗斯推行国防工业多元化发展 ……………………… 079
专题六：俄罗斯披露《武器装备国家纲要》编制细节 ………… 082

>> 装备与技术篇

专题一：美国海军一体化防空反导雷达最新发展 …………… 089
专题二：美军联合信息环境发展需强化监督管理 …………… 094
专题三：DARPA 研究利用全量子模型改进光子检测技术 …… 099
专题四：美国武器装备软件问题及对策分析 ………………… 102
专题五：DARPA 寻求表征机器学习基本边界的数学理论框架 … 109
专题六：美国新一代空间目标监视雷达完成接收阵列建造 … 112
专题七：美国认知电子战技术发展动向分析 ………………… 117
专题八：国外高性能计算机发展动向分析 …………………… 121
专题九：美军不依赖 GPS 导航技术最新发展 ………………… 129
专题十：国外高度重视脑机技术发展 ………………………… 136
专题十一：美军云计算发展措施研究 ………………………… 140
专题十二：美国量子信息技术发展分析 ……………………… 146

>> 军用电子器件篇

专题一：2016 年国外电子元器件发展热点分析 ……………… 159
专题二：美国积极应对军用电子元器件老旧和停产断档问题 … 165
专题三：后硅时代半导体技术发展蕴含战略机遇 …………… 169
专题四：美国首次合成二维氮化镓材料 ……………………… 172
专题五：美国首次在芯片制造过程中植入模拟恶意电路 …… 175
专题六：美国开发出电子增强原子层沉积技术 ……………… 178
专题七：英国首次研制出实用性硅基量子点激光器 ………… 180
专题八：欧洲"石墨烯旗舰"项目进入第二阶段 …………… 183
专题九：美国组建新的微电子长期研究计划 ………………… 186
专题十：美国硅光子神经网络问世 …………………………… 190

专题十一：美国洛克希德·马丁公司推出芯片级微流体
　　　　　散热片 ………………………………………………… 193

>> 网络空间篇

专题一：美国五大措施推进网络空间安全能力建设 ………… 197
专题二：欧盟出台首份《网络与信息系统安全指令》………… 203
专题三：美国白宫出台《网络空间安全国家行动计划》……… 208
专题四：美国加快网络攻防技术发展和实战应用 …………… 211
专题五：俄罗斯推进统一信息空间建设的政策措施分析 …… 216
专题六：美国多措并举应对武器装备网络安全挑战 ………… 225
专题七：美国《联邦网络安全研发战略计划》解析 …………… 230
专题八：美国DARPA"网络大挑战"项目研究取得突破 …… 234
专题九：英国发布《国家网络安全战略2016—2021》………… 237
专题十：美国互联网瘫痪事件专题分析 ……………………… 239
专题十一：美国采取措施防范智能手机等移动设备泄密 …… 241
专题十二：美国加强社交媒体安全保密管理 ………………… 247
专题十三：美军尝试将区块链技术应用于军事领域 ………… 250

参考文献 ………………………………………………………… 252

战略篇

专题一:美国《国防部信息技术环境愿景》简析

专题二:美国创新思路发展未来计算

专题三:美国明确高性能计算目标实现路径

专题四:欧盟委员会发布《量子宣言》草案

专题五:《朝鲜军事与安全发展2015》报告解读

专题六:日本新版《中长期防卫技术发展构想》评述

专题七:俄罗斯发布新版《信息安全学说》

专题八:俄罗斯发布《国防工业发展》国家纲要

专题九:"欧洲云计划"助推欧洲大数据革命

专题十:美国联合作战司令部发布《联合作战环境2035》

专题十一:美国顶层谋划人工智能未来发展

专题十二:美国智库发布半导体制造研究报告

专题一：美国《国防部信息技术环境愿景》简析

2016年8月，美国国防部发布《国防部信息技术环境愿景》，围绕信息技术环境建设，提出面向未来的八项目标及相关举措，以实现信息技术基础设施与操作流程更加安全，更有利于任务完成和成本控制，为国防部未来信息技术发展指明了方向。

一、发展目标及举措

美国国防部负责运营着全球最大的军事信息网络。该网络规模庞大，设备冗杂，安全问题频发。为了更好地运用高速发展的信息技术解决相关问题，建立安全、有效、高效的国防部信息技术环境，美国国防部拟采取一系列举措。

（一）执行"联合信息环境"能力计划

通过部署联合区域安全堆栈及相关网络强化措施、从以构建信息环境为中心向全军范围的运行和防御模式转化、升级国防信息系统网络传输基础设施等举措，提高国防部信息传输安全系数。部署联合区域安全堆栈是构建国防部统一安全架构的核心，也是目前国防部建设联合信息环境的重点工作。

（二）加强与盟友及业界合作关系

通过发展与私营部门的合作伙伴关系、加强与关键盟友和伙伴国家的信息共享、提供"可支持任务伙伴的环境信息系统"等举措，促进美国与"五只眼"情报联盟、北约、德国、日本等盟友在流程、技术和人才资本方面的协同关系。国防部信息技术交流项目下一步工作目标是为政府提供服务的私营企业扩大为50个,并纳入国防部信息共享网络环境中统一管理。同时,国防部正在与所有伙伴,包括工业合作伙伴共同健全其政策、流程以及其他文件。

(三)确保网络威胁环境下任务成功执行

通过建立弹性网络空间防御、加强网络空间态势感知、保障针对高度复杂网络空间攻击的生存能力、逐步发展网络空间安全力量、确保政府行动和情报任务以及军方网络作战在安全通信环境中实施等5项举措,保障网络威胁环境下任务的成功执行。目前,国防部首席信息官正在修改网络空间身份认证和许可流程,同时与合作伙伴加强合作;下一步将国防部所有主要网络切换至Windows 10运行环境。

(四)建立国防部云计算环境

通过提供混合云环境、在国防部云环境部署可共享的国防部全军信息技术服务、加速新应用软件和数字服务的交付、确保云环境的安全性等4项举措,提高网络机动性,并将虚拟服务整合至国防部战略环境中。目前,国防部正在引入云服务管理,同时将虚拟服务整合至国防部战略环境中,将有利于降低管理复杂性,提高灵活性和可靠性,便于任务完成和降低运营成本。

(五)优化数据中心基础设施

通过加强国防部数据中心和本地计算基础设施建设、数据中心整合等两项举措,提高互操作性和效率,加强能力交付,降低成本。目前,国防部正在组建数据中心关闭小组,负责评估并建议关闭成本最高、效率最低的设施。

（六）利用并加强可信信息共享

通过部署认证基础设施动态控制用户对信息的访问、提高国防部内部以及与外部任务伙伴的信息共享、整合商业移动信息技术能力等3项举措，加强对决策过程的支持，提高国防部单位内外部的合作。目前，国防部正在制定2年期计划，旨在替换国防部信息系统的公共访问卡。该计划涉及与北约及"五眼"情报联盟国家紧密合作，采用一致的证书授权方法。

（七）提供弹性通信和网络基础设施

通过改善战略战术通信网络、促进指挥控制与通信系统现代化、巩固并优化战略网关、建立端对端卫星通信能力、发展灵活的电磁频谱行动等5项举措，提供更好的操作和技术弹性，加强"即插即用"能力。目前，国防部正进行包括核指挥控制与通信系统在内的指挥、控制、通信、计算机与情报系统的现代化升级，以提高国防部信息网络中的通信能力。

（八）强化国防部信息技术投资的监督和执行

通过提高国防部信息技术经费使用的透明度、在决策流程的早期阶段共享重要并相关的财务数据等举措，加强国防部信息技术财务管理决策，确保领导人做出的国防预算决定更科学。目前，国防部正努力确保网络安全优先投资的合理性，以及网络安全开支的合理执行。

二、几点认识

"国防部信息技术环境愿景"文件提出的8项目标及其举措，明晰了国防部近期发展信息技术路线，为美军提升信息网络和信息系统的任务效能、提高网络安全防御能力以及信息技术领域的建设提供了有效途径。

（一）安全是信息技术领域建设的重要目标

国防部信息技术领域建设,始终是以安全作为重要目标。其多项举措都在为安全服务,如:部署联合区域安全堆栈构建统一安全架构,从体系上保证信息的安全;建立弹性网络空间防御、加强网络空间态势感知、逐步发展网络空间安全力量,多方面保障网络空间安全;修改网络空间身份认证和许可流程、替换国防部信息系统的公共访问卡,从用户端确保访问安全。

（二）构建一体化全局信息基础设施是提高效率的关键

国防部构建一体化全局信息基础设施,从三方面提高整体效率:提出优化整合基础设施,要求规范网络共同操作系统,统一安装 Windows 10 操作系统,创建统一网络环境,提高操控效率;优化数据中心整合,建立核心数据中心,提高数据存储效率;规范计算基础设施,通过云计算服务满足信息基础设施的安全性和互操作性,提高计算效率。

（三）云计算技术已成为新一代核心信息技术

近年来,云计算技术在商用市场上风起云涌,发展速度之快前所未有。与此同时,国防部也正在逐步推进云环境部署建设工作,为作战空间内电子设备通过网络与云环境互联,实现士兵在任意时间、任意地点接入国防部网络努力。目前,国防部已将云环境建设列入信息技术环境八大举措,彰显云计算技术已成为新一代核心信息技术。

（四）"民参军"促进技术交流

在信息技术领域,私营企业始终走在技术的尖端,为国防部提供诸多服务,帮助解决技术难题。为提高国防信息技术能力建设水平,国防部将信息技术交流项目范围扩展至 50 家私营企业,并将其纳入国防部信息共享网络环境中,有利于促进人才、技术交流。

专题二:美国创新思路发展未来计算

2016年7月,美国白宫发布了《联邦未来计算愿景》白皮书(以下简称为白皮书)。该白皮书针对白宫于2015年10月启动的"由纳米技术推动的未来计算大挑战计划"(以下简称为"大挑战计划"),细化了短期、中期、长期的发展目标,明确了重点发展的技术领域与优先发展的技术能力,强调了与之相伴的机遇与挑战,提出了切实可行的发展方式。该白皮书描绘了美国未来计算的远景和蓝图,为计算能力摆脱现有局限,在未来继续保持高速增长,迈出了坚实的一步。

一、发布背景

传统数字化计算是信息技术革命的引擎,未来仍将是美国重点发展的技术领域。然而,这种技术和人类大脑相比,在感知能力、解决问题能力以及能量利用效率等方面,都存在悬殊差距。这种能力差距,并不能通过现有半导体技术的继续发展得以填补。这是因为,推动传统计算性能提升的晶体管微细化进程,将在未来15年内逼近最终极限,剩余的发展空间已经极为有限。

为了填补与人脑的能力差距,满足未来大数据处理和低功耗"万物互联"等应用需求,找到在现有半导体技术达到微细化极限之后继续实现计算性能指数级增长的新途径,白宫于2015年10月设立了"大挑战计划"。该计划提出了未来计算发展的总体目标,即结合"国家纳米技术计划""国家战略计算计划""脑科学研究计划"等由美国政府主导的三大战略性前沿技术计划,在未来15年内,突破过去几十年来始终遵循的发展途径,创造具有人脑能量利用效率、能够主动学习和理解数据、可凭借习得的知识和经验解决全新问题的新型计算机,使计算能力在2030年之后的数十年内继续高速增长。

二、重点内容

白皮书在"大挑战计划"的基础上,确定出材料、器件与互连、计算架构、受大脑启发的方法、制备与生产、软件与建模仿真、应用等7类重点研发领域。

同时,白皮书明确了将重点发展7方面的技术能力。一是在硬件方面发展神经形态、量子等新兴计算范式,大幅提高计算系统的并发处理能力和能量利用效率,相比于当前最先进的计算系统,整机能耗至少降低6个数量级,达到或超过人脑水平;二是发展新型机器学习算法,增强处理复杂数据集、未标识数据集的能力,实现可即时学习、一学即会的机器学习能力;三是促进算法以硬件方式实现,提高算法执行效能,实现对极大规模数据集的快速分析;四是实现智能化的软件编制与校验,由人工智能自主编制复杂程度超过人类处理能力、包含多种程序语言的复合代码,使武器装备、复杂系统能够可信、可靠并安全工作;五是发展智能化的传感器网络,既可长期自主工作又能通过网络以程序控制,兼具处理过程的智能化与处理目标的高度灵活性;六是发展智能化的网络安全系统,实现鉴别异常行为、判断入侵意图、感知攻防态势、阻断非法访问等能力,确保数据和代码完整;七是发展具有"观察—调整—决策—行动"能力的自主或半自主机器人,执行作战、救灾、医疗、科研等目前只有人类才能完成的复杂任务。

三、主要思路

为了突破现有计算在基本器件和体系结构方面面临的双重局限,

实现"大挑战计划"的目标,白皮书详尽分析了7类重点研发领域的机遇与挑战,设定了分阶段的实施目标,其中透射出美国发展未来计算的创新思路。

(一)以"受生物启发"为发展未来计算的重要方法

模仿生物历来是人类解决复杂问题的重要方式。类鸟飞行模仿了鸟类的外在形态,传统计算模仿了人类利用纸笔运算的外在形式。然而,白皮书提出的"受生物启发"方法与仿生方法并非同一概念,而是对仿生的进一步升华。虽然两者的目标都是在人造系统中获得和生物类似的功能,但仿生模仿生物的外在形态,而"受生物启发"则借鉴生物活动的内在机制,人造系统在外观上反而未必与生物相似。美国发展未来计算,在信息处理、数据存储、批量制造等方面均采用"受生物启发"方法寻求解决方案。

在信息处理方面,人脑对计算的速度、容量和精度加以折中,降低了能量消耗,加快了决策速度,凭有限数据即能洞察事物本质。对于发展更高能量利用率、更强性能的计算系统,目前仅凭对大脑的有限理解,已经展示出有希望的发展前景。白皮书提出将深化大脑信息处理机制研究,变革计算发展方式。

在数据存储方面,未来10~20年内,数据量将百万倍增长,出现现有存储技术难以承载的超大数据集。与之相比,DNA存储数据比现有技术存储密度高出多个数量级,几十千克DNA就可以容纳全世界所有需要存储的数据。DNA存储技术不仅规模可扩展、可随机存取,而且存储错误率超低,在室温下能够不消耗能量而长期保存。白皮书认为,这对未来计算指出了发展的方向。

同样,在批量制造方面,细胞中的化学反应和分子流控制问题也是达到原子和分子级的纳米电子技术所要面对的。生物活细胞能够基于DNA大量制造极度复杂的功能结构。利用这一特点,借鉴生物内部的物质合成机制,发展基于DNA控制方式的自组装工艺,在1纳米之后替代传统光刻技术,用于未来芯片制造,也成为白皮书明确指出的方向。

(二)以新变量、新材料为基础发展新兴器件

晶体管基于电压和电流等电量进行工作,是一种电荷器件。为降低器件能耗,白皮书要求广泛探索非电荷类的状态变量,发展利用自旋、磁化强度、应力、相变、分子构造等能够实现开关功能的新变量;发展自旋扭矩等能够实现忆阻器功能的新变量;探求能够实现低功耗、高可靠、可扩展、可制造并极具工艺兼容性的量子位实现新方式。

同时,白皮书跳出传统三维体材料的传统框架,探索石墨烯、氮化硼、二硫化钼、二硫化钨、氟代石墨烯等二维材料、碳纳米管等一维材料、量子点等零维材料的新奇物理特性,发展基于新变量的开关器件模型和能够模仿人脑神经元和突触功能的器件模型,为实现可以在多层次微观尺寸下工作的纳米级信息技术创造条件。

(三)以异质异构为特征构建新型芯片体系结构

传统计算机仍然采用20世纪40年代提出的基于二进制的约翰·冯·诺依曼体系结构,采用依靠有限带宽连接分离的计算单元和存储单元。极为有限的数据吞吐能力,使其在大数据时代的发展难以为继。

白皮书因此提出在近似、概率和随机过程等计算方法的基础上,发展非二进制、非确定性的新型体系结构,将神经形态计算、模拟计算、量子计算以及数值计算等多种异质异构核心集成于同一芯片,充分发挥不同处理内核在特定应用领域的优势,实现协同增效,推动信息处理方式从微处理器执行程序为核心,向分布式的对数据流自适应处理为核心的方式转变。

(四)以替代人、超越人为未来计算的应用导向

美国发展2030年之后的未来计算,不再以通用计算为发展目标,

取而代之的,是发展能够适应不同领域应用特点的专用计算能力。但同时,在应用的性能指标方面,又提出了极高的要求。

典型的专用计算能力包括以下几类:一是代码编制,未来计算将能够编制和校验由多种代码复合而成,复杂程度远远超出人类处理能力的软件系统,应用于复杂管控系统和武器装备;二是网络防御,未来计算系统同网络结合,自主识别非法访问、判断敌方意图、感知网络攻防态势、阻止恶意入侵;三是促进知识发现,嵌入式计算系统的能效将达到或超过人脑水平,同时以类脑硬件结合算法执行,以极高速度实施处理超大规模的数据集,从中提出有效数据,有效缩短创新过程;四是机器作战,未来计算系统同无人装备结合,将形成具有自主和半自主能力的武器系统,在激烈对抗的战场环境,遂行作战行动,并大概率赢得优势。

四、对军事的影响

从作战角度看,美国发展的未来计算能力,一旦同无人装备结合,可以充分发挥装备性能,带来多方面的优势。第一,可以大量节省人力成本,实现更小更精益的军力构成;第二,能够确保全天时、全天候的战备水平,随时随地反击敌人;第三,可使武器系统不受人体承受能力限制,免去人体伺服系统,缩小装备尺寸,实现人类难以企及的敏捷机动能力;第四,受人脑启发的未来计算,可以在实战中选取表现最优异者,将其系统结构参数批量复制给下一代产品,智能演进速度远超人类,可在战争中迅速建立压倒性的军力优势,打破均衡博弈格局。

专题三：美国明确高性能计算目标实现路径

2016年7月，美国国家战略计算规划执行委员会发布《国家战略计算规划战略计划》（以下简称《战略计划》），该计划是2015年7月美国国家战略计算规划（NSCI）的具体化，是美国进一步推进高性能计算能力发展的重要文件。《战略计划》明确了各联邦政府机构在实现高性能计算构想中的主要职能，以及高性能计算目标的实现路径，旨在将美国在高性能计算领域的领先优势延续至21世纪中叶。

一、发布背景

美国认为"高性能计算"在确保其全球经济竞争力和为科学发现提供支持上至关重要。过去60年，美国在高性能计算领域一直保持着领导地位。美国指出，若想在未来几十年继续保持这一领导地位，需要从国家整体的高度出发，对不断增长的计算需求、新兴技术挑战以及不断加剧的国际竞争作出及时回应。为迎接这些挑战，最大限度利用高性能计算，美国总统奥巴马于2015年7月签署了第13702号总统令"编制美国国家战略计算规划"（NSCI），明确了美国在国家战略计算领域期望实现的五大战略目标，并初步明确了各联邦政府机构的职能。《战略计划》是"国家战略计算规划"的具体化，进一步明确了各联邦政府机构在实现国家战略计算规划构想中的主要职能，以及国家战略计算规划战略目标的实现路径。

二、《战略计划》明确了各联邦政府机构在实现高性能计算构想中的主要职能

2015年7月,美国总统奥巴马签署了第13702号总统令"编制美国国家战略计算规划"(以下简称"第13702号总统令")。该总统令将参与规划的联邦政府机构分为三类,分别为领导机构、基础性研发机构、部署机构。《战略计划》对这三类机构的主要职能进行了细化。

领导机构包括能源部、国防部、国家科学基金会,负责开发和交付下一代高性能计算能力,在软硬件的研发中提供相互支持,以及为战略目标的实现开发所需人力资源。其中,能源部科学办公室和能源部国家核安全管理局将联合实施由高性能E级(10^{18}次/秒,每秒百亿亿次浮点运算)计算支持的先进仿真项目,以支持能源部的任务;国家科学基金会将继续在科学发现、用于科学发现的高性能计算生态系统,以及人力资源开发等领域扮演核心角色;国防部将侧重数据分析计算,从而对其任务提供支持。各领导机构还将与基础性研发机构、部署机构开展合作,以支持国家战略计算规划既定目标,同时满足美国联邦政府广泛的各种实际需求。

基础性研发机构包括情报先期研究计划局、国家标准与技术研究院,负责基础性科学发现工作,以及支持战略目标实现所必要的工程技术改进。其中,情报先期研究计划局主要负责研发未来计算范式,为当前的标准半导体计算技术提供备选方案;国家标准与技术研究院主要负责推动计量科学的发展,为未来计算技术提供支持。基础性研发机构将与部署机构密切协调,从而保障研发成果的有效转化。

部署机构包括国家航空航天局、联邦调查局、国立卫生研究院、国土安全部、国家海洋与大气管理局,负责确定以实际任务为基础的高性能计算需求,以及向私营部门及学术界征询关于高性能计算的有关需求,从而对新型高性能计算系统的早期设计产生影响。

三、《战略计划》明确了高性能计算目标的实现路径

《战略计划》对第 13702 号总统令定义的高性能计算五大战略目标的实现路径进行了明确。

一是加快推进高性能 E 级计算系统的交付。根据产业路线图判断，在正常商业驱动因素下，E 级运算系统将在 2030 年出现。但《战略计划》提出要充分利用政府机构的力量，通过推动相关技术研发，并引导计算系统应用等手段，力图在 2020 年代中期实现 E 级计算目标，以支持关键性的政府应用和充分利用新出现的数据集。

二是提高建模仿真技术基础与数据分析计算技术基础间的一致性。数据分析计算与建模仿真是高性能计算系统的两个重要应用领域。过去，两者是相互割裂的，用于两者的系统通常基于不同的硬件和软件平台。但《战略计划》提出要解决高性能计算环境中的软件层挑战，并通过一些试点活动，提高两者间的技术一致性，统一建模仿真平台和数据分析平台，使两者一起受益的同时，实现研发投资受益最大化。

三是在今后 15 年，为"后摩尔定律时代"的高性能计算系统确定可行发展路径。虽然当前的半导体技术对于 E 级计算来讲可行，但其终将迎来物理极限。《战略计划》提出只有通过寻求新技术才能将其在全球范围内的计算优势延续至 21 世纪中叶。为此，美国将在未来 10~20 年在两条并行路线上发力：其一是研发可使数字计算性能越过互补金属氧化物半导体（CMOS）理论极限的技术；其二是研发可能开创大规模计算新天地的备选计算范式。

四是构建持久的国家高性能计算生态系统。高性能计算生态系统的构建对于发展这项科学事业而言必不可少。《战略计划》提出要采取一种整体性方式，解决网络技术、工作流程、下行扩展、基础性算法与软件、可访问性以及人力资源开发等问题，提升这一生态系统的容量与

能力。

五是通过公私合作模式推动高性能计算能力发展。历史上,美国在高性能计算领域的快速发展就源于联邦机构、产业界及学术界的密切协作。《战略计划》提出要通过扩展公私合作领域、探索更多合作途径等,更好地利用这一模式推动高性能计算能力发展,同时确保政府机构、产业界和学术界能够最大限度共享研究开发进步带来的效益。

四、《战略计划》意义重大

《战略计划》是美国提升高性能计算能力的重要指导性文件,也为美国维持经济、技术、军事全面领先优势创造条件。高性能计算可广泛应用于军民用领域,如弹道计算、核爆计算、风洞计算、密码破译、气象预报、基因分析等,计算能力已成为一个国家综合竞争力的象征。《战略计划》的直接目的就是延续美国在高性能计算领域的领先优势。美国在过去60年一直引领高性能计算能力发展。但随着中国、日本等国家对高性能计算能力的日益重视,美国面对这种竞争压力,以及自身不断增长的计算需求,审时度势,及时提出了包括国家战略计算规划和《战略计划》在内的战略性发展方针,从国家整体的高度出发,利用举国力量,旨在将其在高性能计算领域的领先优势延续至21世纪中叶。当然,提高计算能力并非《战略计划》的最终目的,《战略计划》将与先进制造计划、脑科学计划、材料基因组计划、国家大数据研发计划等其他诸多国家计划协同推进,向美国多个重要领域提供大规模分析计算能力,从而确保美国在经济竞争、科学发现、国家安全等领域维持全面领先优势。

专题四:欧盟委员会发布《量子宣言》草案

2016年3月,欧盟委员会发布《量子宣言》草案,提出2018年启动总额10亿欧元的"量子技术旗舰"计划。该计划力图汇集欧盟及其成员国的优势,推动量子通信、量子计算机等领域量子技术的发展,确立欧洲在量子技术和产业方面的领先优势。

一、《量子宣言》发布背景

始于100年前的第一次量子力学革命揭示了量子力学的基本原理,催生了晶体管、固态光、激光、GPS等开创性技术,推动了电子信息技术的发展。目前,第二次量子力学革命正在全球广泛展开,将推动量子通信、量子模拟器、量子传感器、量子计算机等量子信息技术的发展和应用,解决当今世界面临的能源、健康、安全、环境等难题。

欧盟"量子技术旗舰"计划希望把握量子技术发展先机,维持量子技术的领先优势,促进包括安全量子通信网和量子计算机等在内的多项量子技术的发展。该计划也是欧洲"地平线2020"(Horizon 2020)计划研究和创新框架的一部分。

二、夯实量子技术发展基础

《量子宣言》指出,实施"量子技术旗舰"计划,首先必须夯实量子技术发展的四大基础,即教育、科学、工程、创新。

教育:通过开展一系列教育项目,培养量子技术领域新一代工程师、科学家和研发人员等；通过开展科普活动，使量子技术在欧洲家喻户晓；通过公众参与，发现可能对社会造成影响的问题。

科学：保持投资的力度和持续性，资助从基础科学到原理验证实验的欧洲卓越科学项目，吸引更多研究人员到欧洲，并参与量子技术研究；确保欧洲在量子科技领域的重要地位；通过新的国际融资机制，鼓励开展国际合作和高校与政府实验室间的合作。

工程：设立一个重要项目，促进由量子技术公司、科学家、工程师等组成的生态系统的建立，基于面向任务的技术路线图开展工作，开发并实现工具和软件的标准化；设立工程中心，使主要参与者能合作共事，并与欧洲及世界伙伴保持密切联系；确立并解决工程需求，为量子技术走向市场奠定基础。

创新：建立欧盟量子创新基金，面向量子技术未来供应链各环节，挖掘各公司技能和专长，促进产学研合作，推进量子技术产品化；积极探索量子技术应用，拓展量子技术市场；建立量子技术孵化器，支持高潜力小型量子公司的技术转移，为其提供设施、技能、资金，以及较大型企业的合同订单。

三、确定量子技术重点应用领域

《量子宣言》确定了今后一段时期内需重点攻关的4个量子技术应用领域，即量子通信、量子模拟器、量子传感器和量子计算机。

（一）量子通信

当今世界，保障通信安全具有重要的战略意义。由于量子的不可复制性，量子通信具有固有的安全性。欧洲计划发展的量子通信项目包括"安全城际量子链路"和"全球量子安全通信网"。"安全城际量子链路"是在欧洲各国首都之间建立的安全量子链路，可传输高敏感数据，并绝对避免窃听风险。"全球量子安全通信网"是将量子技术与传统信息和加密技术融为一体的量子互联网,可化解传统加密机制被量子计算机破解带来的威胁,保证互联网交易的安全性。由于量子通信有效作用距离只有300千米。为了拓展量子通信距离,必须发展量子中继器和量子存储器。量子中继器利用多模量子存储器,其优势在于扩展可信节点之间的距离。全量子中继器由小型量子处理器和量子接口组成,目前已完成实验室演示,但仍需多年研发后才能投放市场。届时,将实现量子安全级别的互联网。量子存储平台种类较多,可在中继器节点履行存储和处理功能。目前,欧盟及其成员国量子存储平台项目涉及囚禁离子、光学谐振腔中的原子、钻石色心、量子点等技术。

(二)量子模拟器

量子模拟器基于量子物理学定律,可以克服超级计算机的不足,能模拟材料或化合物,或求解高能物理等领域的方程。量子模拟器可以看作是另类量子计算机,特别适合再现材料在极低温度下的行为,更好地观察量子现象及其非凡特性。与通用量子计算机相比,其主要优势是:量子模拟器并不需要完全控制每个个体组件,因此更容易建造。目前,正在开发的量子模拟器平台包括:光晶格中超冷原子、囚禁离子、超导量子比特阵列、量子点阵列、光子等。实际上,第一批量子模拟器原型机针对某些具体问题的模拟水平已经超出现有超级计算机。量子模拟器将解决材料科学中的突出难题,并完成原先不可能进行的计算。利用模拟手段,可在材料制成之前,探索新型工艺或特性,成为各领域所需新材料的设计工具。例如,一旦解决了高温超导的由来问题,就有可能研制出高温无损导电材料,用于储能、配电和输电。

(三)量子传感器

量子叠加态对环境非常敏感,据此可制造高精度传感器。目前,量子传感器已用于诸多商业领域。金刚石中的氮-空位(NV)色心等固态量子传感器,可用于对微弱磁场进行测量,进而可在生物传感器、磁共振成像、金属探伤等多项应用中发挥重要作用;超导量子干涉仪已在大脑成像、粒子探测等多领域广泛应用;量子成像仪在成像过程中利用纠缠光从光中提取更多信息,可大幅改善成像技术;原子和分子干涉仪使用量子叠加态,实现对加速度和旋转的高精度测量,经处理后的加速度和旋转信号可用于惯性导航设备,实现地下或建筑内部导航。利用这些量子仪器,还可测量重力场、磁场、时间或基本物理常量的细微变化。量子原子钟可与GPS同步,提供更高级别的定时稳定性和可追溯性,甚至可在GPS拒止环境中使用。其可用于金融机构,能实现高频交易的定时管理,强化监管,提升金融市场稳定性,还可用于电信、广播、能源和安全等领域。

(四)量子计算机

量子计算是影响深远、最具挑战性的量子技术。量子计算机可实现大规模并行运算,解决传统超级计算机无法解决的问题。英特尔等公司目前正积极推进量子计算技术及应用开发,例如英特尔公司与美国休斯国家实验室、日本电报电话公司赞助了半导体自旋量子比特研究;英特尔与谷歌、IBM公司正在开展超导量子比特研究;D-Wave公司正在生产名为"量子退火机"的超导芯片,其运算速度比传统处理器快1亿倍;微软公司正在开展拓扑量子比特研究;洛克希德·马丁公司和德国英飞凌公司赞助了囚禁离子及囚禁离子-光子互动的研究。通用量子计算机的计算能力将超过未来最强大的传统计算机。量子计算机具有可编程能力,可用来解决复杂的计算难题,如优化任务、数据库搜索、机器学习和图像识别等,并将推动欧洲智能工业发展,提高欧洲制造业的生产效率。

四、明确量子技术发展目标

《量子宣言》中设定了量子技术短期、中期和长期发展目标。

（一）短期目标(5年内)

短期目标包括：①开发具有加密、窃听探测功能的量子信号中继器的核心技术，实现远程点对点量子安全链路；②开发量子模拟器，解决化学工艺和材料设计问题；③开发更高精度的原子钟，用于高频金融交易的时间戳记，确保全球市场安全；④演示对拓扑量子比特的保护与控制；⑤实现量子电路与高速低温温控硬件的集成；⑥开发专用量子传感器，包括用于国防、太空、油气领域的重力传感器、用于定时的量子钟、用于医药和成像的磁传感器；⑦为量子模拟器、量子计算机和量子通信网开发新的算法、协议和应用；⑧演示可执行量子算法和逻辑量子比特运算的小型量子处理器；⑨开发量子器件基础部件，如低温放大器、电子放大器、激光源等。

（二）中期目标(5~10年)

中期目标包括：①开发材料电磁特性通用模拟器，促进新型复合材料的开发与设计；②实现量子传感器的低成本大规模生产，扩大其在制造、汽车、建筑和测绘等领域的应用；③实现安全城际量子网，提高信息安全性并杜绝监听；④开发运行速度大于100量子比特的专用量子计算机，解决化学和材料科学难题；⑤开发掌上量子导航设备，精确度为1毫米/天，并可用于室内导航；⑥开发和生产量子设备，提高其可靠性并降低成本，使其成为市场主流产品；⑦演示星地量子加密技术。

（三）长期目标(10年后)

长期目标包括：①建立安全、快速的欧洲城际量子互联网；②利用专用量子计算机设计出具有定制特性(如导电性或磁性)的新材料；③制造出功效超过当今超级计算机的通用量子计算机；④研制可对物理/化学问题建模，且比最快的超级计算机更迅速、更准确解决化学反应问题的专用量子计算机,例如可用于新催化剂的开发或药物设计;⑤开发适合手机等移动应用的片上量子传感器器件,推动量子信息与感知应用;⑥实现重力传感器阵列测量结果的关联,生成重力图像;⑦在大众应用中集成量子传感器,如在移动设备中集成光子或固态器件;⑧开发量子信用卡和量子密钥等其他应用。

专题五:《朝鲜军事与安全发展2015》报告解读

2016年1月,美国国防部根据2012财年《国家国防授权法案》的要求,向国会提交了《朝鲜军事与安全发展2015》报告。报告共4章内容,分别为朝鲜安全态势评估、朝鲜的战略、朝鲜军事能力及现代化目标、朝鲜大规模杀伤性武器计划及其扩散。本书首先介绍报告发布背景,重点对报告中涉及的朝鲜网络战、情报,以及指挥、控制与通信能力进行解析。

一、报告发布背景

2012财年美国《国家国防授权法案》第1236节、2013财年《国家国防授权法案》第1292节,以及2014财年《国家国防授权法案》第1245节规定,美国国防部长应该"以秘密和非密两种形式,向国会递交报告,说明朝鲜当前和未来的军事实力"。所递交的报告应对朝鲜的安全态势与趋势、安全战略与军事战略目标及其影响因素进行评估;应对朝鲜区域安全目标进行评估,包括朝鲜军事能力、军事理论与训练发展;还应对朝鲜扩散活动及其他军事安全发展进行评估。根据上述要求,美国国防部向国会递交了《朝鲜军事与安全发展2015》这一报告。

二、朝鲜网络战能力

报告指出,朝鲜具有进攻性网络作战(OCO)能力。2014年11月24日,朝鲜名为"和平卫士"的网络行为者攻击了美国索尼影视娱乐公司,关停员工访问,并且删除了有关数据。当然,报告同时指出,鉴于朝鲜与外部通信相互隔离,此次攻击很可能借助了第三方国家的互联网基础设施。

报告认为,2009年以来,受恶意网络行为的影响,朝鲜很可能已将OCO视作一种有力手段,可搜集韩国、美国等对手的情报信息并实施破坏活动。报告指出,朝鲜非常有可能已将网络视为一种低成本、不对称、可拒止的工具,而且朝鲜使用网络攻击的风险很低,一方面朝鲜网络与互联网在很大程度上相互独立,可避免报复性攻击,另一方面互联网访问中断对朝鲜经济的影响微乎其微。

三、朝鲜情报能力

朝鲜情报机构主要负责收集政治、军事、经济、技术等方面的信息,韩国、美国、日本是其主要情报搜集对象。报告指出,朝鲜情报机构主要包括侦察总局(RGB)、国家安全保卫部(MSS)、统战部(UFD)、第225局等。其中,侦察总局是朝鲜最主要的对外情报组织,负责收集情报信息、开展秘密行动。RGB包括6个处,分别负责行动、侦察、技术和网络、海外情报、韩朝会谈、服务支持。国家安全保卫部也是主要的情报部门之一,主要从事反间谍活动,负责调查内部间谍案件、遣返叛逃者、在朝鲜外交使团中开展海外反间谍活动。MSS是朝鲜政府设置的一个高度自主化的机构,直接向金正恩汇报工作。统战部致力于在韩国建立一些亲朝团体,如朝鲜亚太委员会、民族和解委员会等,同时是参与韩朝对话管理,以及对韩政策制定的主要机构。第225局主要负责训练可以渗透韩国的特工,同时也负责组建致力于煽动叛乱和革命的地下政党。

四、朝鲜指挥、控制与通信能力

朝鲜国防委员会(NDC)(2016年6月已更名为国务委员会)是朝

鲜军事与安全领域的官方权力机构,人民武装力量部(MPAF)是人民军的行政上级,而作战指挥与控制则由总参谋部负责。

报告指出,朝鲜拥有覆盖全国的光纤网络,并已投资建成了现代化的全国性蜂窝网络。但是,朝鲜政府限制大多数朝鲜民众使用互联网,仅有一些民众可以访问与万维网隔离的国家内部网络,获得政府批准的国家内部网络主机主要用于支持学术研究和政府业务。当然,报告明确指出,在必要情况下,朝鲜所有的网络都可为军事所用。

五、小结

2012年以来,朝鲜军事与安全发展报告已连续发布4次,美国国防部每年都会对报告内容进行动态调整,有助于我们动态了解朝鲜安全战略及军事能力的最新发展现状。

通过对近些年发布的报告进行整理发现,在网络战能力方面,近4年朝鲜能力提升速度很快。在《朝鲜军事与安全发展2012》报告中,美国防部指出"朝鲜很可能具备军用计算机网络作战(CNO)能力";2013年报告中关于朝鲜网络战能力的说法调整为"很可能具备军事进攻性网络作战(OCO)能力";2015年报告明确指出"朝鲜已经具备进攻性网络作战能力"。情报力量方面,2012—2015年,虽然朝鲜主要情报力量相对稳定,但地位有所变化,侦察总局已发展为朝鲜最主要的情报部门。指控、控制与通信方面,近些年变化不大,网络访问仍受到严格限制。

专题六:日本新版《中长期防卫技术发展构想》评述

2016年8月,日本防卫省发布新版《中长期防卫技术发展构想》文件(以下称"16构想")。这是继2006年首版中长期防卫技术发展构想(以下称"06构想")后,历经10年再次推出的第二版构想。

10年之间,日本在国内外安全环境、国家安全战略与防卫力量发展目标、防卫体制与运用环境方面均出现了较大的变化,加上10年来科学技术飞速发展,特别是网络空间和太空领域,俨然已成为国家安全保障与军事斗争得新领域和制高点。而安倍晋三首相2006年和2012年两度组阁后所倡国家总体战略的推动下,日本国家安全战略一改先前专守防卫态势,秉持积极和平主义外交原则,修宪解禁集体自卫权,打造"综合机动防卫力量"、出台突破武器出口限制的"防卫装备与技术转移三原则"、发布倡导防卫装备与技术合作的"防卫生产与技术基础战略",在军事领域朝着积极对外的方向发展。日本防卫技术与装备的发展也迎来了变局。"16构想"就是在这一背景下出台的。

一、安倍推动的两版构想

日本中长期防卫技术发展构想从"06构想"的首次发布到"16构想"再次公布,可以说与日本首相安倍晋三的强力推动密不可分。

(一)"06构想"及其实施情况

2006年,原防卫省技术研究本部首次公布《中长期防卫技术发展构想》，对日本未来20年的防卫装备与技术发展勾勒蓝图。这是战后日本首次高调推出以军备建设为着眼点的技术发展规划，意义非同寻常。实际上，作为二战发起国和战败国，日本在战后选择了和平发展道路，重经济轻军备，防卫装备建设上主要倚重美国等盟友，以自我克制态度进行有限发展，很少制定并发布此类给人以整军备战印象的文件。

这一变化与安倍晋三有关。安倍出身政治世家，进入政坛后一直以决裂日本战败国身份并追求与经济大国身份相适应的政治大国地位为目标，具体实施策略则为"修宪"和"入常"。安倍2006年9月26日当选第90届首相，首次组阁施政。在随后短短一年的首相任期中，发起了多项雄心勃勃的改革努力。其中包括将"修宪入常"精心包装为"美丽日本"的国家建设目标，外交上则提出围堵中国的"自由与繁荣之弧"，军事上则力求打造可与之相配的能力，即紧锣密鼓推动防卫体制改革，包括将防卫厅升格为防卫省，推动确立联合作战体制，大力在防卫省内开展人事编制、装备采办和防卫技术研发等领域的变革。

"06构想"便是在这样的背景下出台的，该构想对日本防卫力量需要承担的职能和拥有的能力进行了梳理，明确提出了未来将在11个防卫技术方向、9大核心装备领域、20项未来装备技术和13项潜力技术上加大投入。

在过去的近10年中，防卫省技术研究本部基本上依据"06构想"来制定各项技术研发计划、开展技术研发和指导装备研制，总体上取得了较为丰硕的成果。当然，这其中存在一些未能取得如期进展的技术，比如电子签名（数字水印）技术，该技术虽然在民用领域已逐步实现产品化和实用化，但迟迟未能在防卫领域得到应用，此外超导技术虽然已实现实用化，但在防卫领域所需的超导电磁推进技术研发方面，却未能取得太大进展。不过，大多数技术是按照预定计划稳步发展，同时还有一些超预期发展的领域，如力增幅技术、电池等电力贮藏技术和混合动力技术方面取得远超预想的进步,并成为日本防卫技术领域乃至国家技术领域中的优势技术。

(二)"16构想"出台经纬

"06构想"发布之时,原定每隔5年对构想进行一次修订,按计划第二版构想应是2011年发布,今年发布的应当是第三版构想。

现实并非如此,原因大概于这期间日本政局频繁变动有关。主推"06构想"的安倍及其所属的自民党有5年时间并不在位。从2007年至2012年的5年时间里,福田康夫、麻生太郎、鸠山由纪夫、菅直人、野田佳彦先后组阁,被称作"万年执政"的自民党也在福田和麻生之后让位民主党。

"06构想"至"16构想"先后发布的近10年间,欠缺的"11构想"(按5年一次修订的话应有2011年版构想),与安倍或自民党失去权位的5年时间正好吻合,恐怕并非巧合。

安倍在2012年底重返权力巅峰后,继续沿着初任首相时提出的国家目标前进。在摆脱战后体制方面,一直不遗余力推进修宪,并在2015年强行在国会通过了旨在突破和平宪法的安保系列法案;军事领域,也从2013年开始,一改先前防卫预算下降趋势,在政府赤字惊人的情况下,连续5年(截至2017年)增加防卫支出和预算,让日本防卫力量发展重回上升轨道,任期内先后推出新版防卫大纲(13大纲)和新版日美防卫合作指针(15指针),对防卫省和自卫队进行密集体制改革,包括陆上自卫队编制变革和新增两栖部队(日版"陆战队")、海上自卫队的新增大型直升机航空母舰并将"16艘潜艇体制"增为"22艘潜艇体制",航空自卫队主要通过部署调整和购买最新F-35战机等强化西南方向对中作战力量。作为防卫力量坚实支撑的防卫装备也没有落下,2015年10月1日,防卫省新设防卫装备厅,对日本防卫装备的研发采办能力进行一元化整合。整合之下,防卫装备厅将不但拥有原技术研究本部所属的防卫技术研发职能,原经理装备局、装备施设本部甚至联合/军种参谋部的装备研发采办职能也一并纳入,甚至还新增了开展国际防卫装备与技术合作的新职能。这种情况下,最初用于指导技术研究本部开展技术研发的"06构想"自然有修订的必要。

二、"16构想"主要内容

防卫省在制定"16构想"时主要从安全保障环境的变化、13大纲和国家安全保障战略中提出的日本安全保障的应有状态、科学技术的发展动向以及防卫省体制改革和严峻的财务形势出发,对未来的13大研究方向、18大主要技术领域、57项装备技术和21项潜力技术进行确定。详细如下:

(一) 13大技术研究方向

前面提及了"16构想"制定时的主要考虑。实际上,这些考虑中,除科学技术发展动向外,13大纲基本上也都有考虑。故最终确定的13大技术研究方向,基本上与13大纲要求的防卫力量职能和能力要求是一一对应的,实际上,这也基本上符合"防卫技术装备是防卫力量的基础"这一定位。具体对应关系如表1所列。

表1 未来主要研究方向与13大纲要求能力的对应关系

			13大纲	对应关系
13大纲	防卫力的作用	有效威慑和应对各种事态	确保周边海空的安全	(5)
			应对岛屿攻击	(6)
			应对弹道导弹攻击	(7)
			应对游击队和特种部队攻击	(8)
			应对太空和网络空间	(9)(10)
			应对大规模灾害	(11)

(续)

			13大纲	对应关系
13大纲	自卫队体制建设时应当重视的事项	基本考虑	确实维持海上优势和空中优势	(5)(6)
			机动展开能力	(3)(6)
		应重视的机能和能力	警戒监视能力	(1)
			情报机能	(2)
			输送能力	(3)
			指挥控制与信息通信能力	(4)
			应对岛屿攻击	(6)
			应对弹道导弹攻击	(7)
			应对太空和网络空间	(9)(10)
			应对大规模灾害	(11)
			应对国际和平合作活动	(12)

说明:构想提出的13大技术方向分别为:(1)警戒监视能力;(2)情报能力;(3)运输与能力;(4)指挥控制与信息通信能力;(5)确保周边海空安全;(6)应对岛屿攻击;(7)应对弹道导弹攻击;(8)应对游击队和特种部队攻击的能力;(9)应对太空;(10)应对网络空间;(11)应对大规模灾害;(12)应对国际和平合作活动;(13)提高研究开发的效率。表格中"对应关系"所列为"16"构想确定的13大技术方向之序号

(二) 18大技术领域

"16构想"在确定未来主要技术研究方向后,对每一个技术能力还以重点方向提示和未来技术预见的形式进行了探讨分析,同时在综合考虑技术的未来发展动向和日本优势技术领域(参见日本科学振兴机构研究开发战略中心《日本研究开发俯瞰报告》)后,提出了日本装备与技术发展的18大技术领域。

(1)无人地面系统技术领域,含无人地面车辆和地面机器人技术子领域,具体包括移动机构技术、区域感知识别技术、自主行走技术、人形机器人技术、水中行走技术以及未来潜力技术等;

(2)无人航空系统领域,具体包括自主飞行技术、机身技术、推进

动力技术以及未来潜力技术等；

（3）无人海洋系统技术领域，具体包括长航时大型无人潜航器技术、多系统协调控制技术、港湾警戒目标探测技术、战斗型无人潜航器技术、单兵支援技术、与无人机和母舰的连接技术以及未来潜力技术等；

（4）单兵装备技术领域，具体包括动力辅助技术、人机系统技术、携行装具类技术、可穿戴技术以及未来潜力技术等；

（5）核生化爆应对技术领域，具体包括检测技术、应对（预测评估）技术、防护技术、除染技术、简易爆炸装置应对技术以及未来潜力技术等；

（6）卫勤技术领域，具体包括远程医疗技术、战术战伤救治以及未来潜力技术等；

（7）精确攻击武器技术领域，具体包括导弹系统技术、导弹部件技术、弹药技术、定向能技术、电磁脉冲弹技术、电磁炮技术以及未来潜力技术等；

（8）未来车辆技术领域，具体包括车辆系统技术、车身技术以及动力技术、防弹防爆技术、水陆两栖车辆技术以及未来潜力技术等；

（9）未来舰船技术领域，具体包括舰船系统构成技术、综合电气推进系统技术以及未来潜力技术等；

（10）飞行器（战斗机）技术领域，具体包括机身技术、推进动力技术、航电技术和隐形技术以及未来潜力技术等；

（11）飞行器（垂直起降）技术领域，具体包括复合式直升机技术、倾转旋翼机技术等；

（12）情报收集与探测技术领域，具体包括雷达技术、光传感器技术、电波监视技术、声纳技术、爆炸物传感器技术以及未来潜力技术等；

（13）电子攻防技术领域，具体包括电磁波穿透控制技术、电磁脉冲防护技术以及未来潜力技术等；

（14）网络技术领域，具体包括网络演习环境构建技术、网络弹性技术、装备系统网络攻击应对技术、网络攻击自动应对技术、漏洞调查技术、供应链完整性技术、防篡改技术、公开信息收集分析技术以及未来潜力技术等；

（15）指控通与电子干扰技术领域，具体包括指挥通信技术、决策支持技术、电子干扰技术、水下组网技术以及未来潜力技术等；

（16）系统集成与电子战能力评估技术领域，具体包括综合仿真技术、飞行器系统集成技术、电子战评估系统技术以及未来潜力技术等；

（17）太空技术领域，具体包括星载红外线传感器技术、太空态势监视技术、空中发射技术以及任务效能改善技术以及未来潜力技术等；

（18）后方支援技术领域，具体包括空投技术、桥梁码头快速搭建技术以及未来潜力技术等。

（三）4大研发重点

在上述18大技术领域中，结合日本的技术优势以及重要程度，"16构想"还确定了以下四大研发重点。

一是无人化技术，日本将无人化技术作为重点方向，不但能满足国内少子化和遂行"枯燥、恶劣、危险、纵深"任务的需求，还可克服装备因搭载人员而在功能性能上受到的制约，主要包括自主化、集群控制和电源等无人装备技术。

二是智能化与网络化技术，即可实现大量信息高水平自动化和智能化处理的人工智能技术以及可抵抗网络攻击、分散分布的成体系系统技术。

三是大功率能源技术，指那些可克服敌人数量优势，同时能在弹药补给和后勤供应困难的环境下提高短时和持续作战能力的技术，如大功率激光与微波等定向能武器技术、电磁脉冲弹技术及其防护技术。

四是现役装备增效技术，即可改善现有装备功能性能的技术，这些技术可让现役装备实现小型化和轻量化，并提高其信息收集与隐身能力，包括那些可提高现役装备性能的材料技术、传感器技术和导弹部件技术等。

(四) 57项未来装备技术和21项潜力技术

从上述18大技术领域中,"16构想"还确定了下列57项未来装备技术和21项潜力技术。详细如下:

57项装备技术:

(1) 传动装置技术;

(2) 区域感知识别技术;

(3) 自主行走技术;

(4) 人形机器人技术;

(5) 水中行走技术;

(6) 自主飞行技术、机身技术、推进动力技术;

(7) 长航时大型无人潜航器技术、多系统协调控制技术、港湾警戒目标探测技术、战斗型无人潜航器技术、单兵支援技术、与无人机和母舰的连接技术;

(8) 动力辅助技术;

(9) 人机系统技术;

(10) 携行装具类技术;

(11) 可穿戴技术;

(12) 检测技术;

(13) 应对(预测评估)技术;

(14) 防护技术;

(15) 除染技术;

(16) 简易爆炸装置应对技术;

(17) 远程医疗技术;

(18) 战术战伤救治技术;

(19) 导弹系统技术;

(20) 导弹部件技术;

（21）弹药技术；

（22）定向能技术；

（23）电磁脉冲弹技术；

（24）电磁炮技术；

（25）车辆系统技术、车身技术以及动力技术，防弹防爆技术，水陆两栖车辆技术；

（26）舰船系统构成技术与综合电气推进系统技术；

（27）机身技术、推进动力技术、航电技术和隐形技术；

（28）复合式直升机技术、倾转旋翼机技术；

（29）雷达技术；

（30）光传感器技术；

（31）复合传感器技术；

（32）电波监视技术；

（33）声纳技术；

（34）爆炸物传感器技术；

（35）电磁波穿透控制技术；

（36）电磁脉冲防护技术；

（37）网络演习环境构建技术；

（38）网络弹性技术；

（39）装备系统网络攻击应对技术；

（40）网络攻击自动应对技术；

（41）漏洞调查技术；

（42）供应链完整性技术；

（43）防篡改技术；

（44）公开信息收集分析技术；

（45）指挥通信技术；

（46）决策支持技术；

（47）电子干扰技术；

（48）水下组网技术；

（49）综合仿真技术；

（50）飞行器系统集成技术；

（51）电子战评估系统技术；

（52）星载红外线传感器技术；

（53）太空态势监视技术；

（54）空中发射技术；

（55）任务效能改善技术；

（56）空投技术；

（57）桥梁码头快建技术。

21项潜力技术：

（1）电力贮藏技术；

（2）太赫兹波应用技术；

（3）超导推进技术；

（4）生物传感器技术；

（5）功能性复合粒子技术；

（6）新材料技术；

（7）先进水中成像声纳技术；

（8）量子密码技术；

（9）超材料技术；

（10）脑机接口技术；

（11）新能源技术；

（12）人工智能与认知计算技术；

（13）微机电系统技术；

（14）量子测量与量子传感技术；

（15）超燃冲压发动机技术；

（16）大容量波束控制技术；

（17）电磁推进技术；

(18) 爆震发动机技术；

(19) 无电池系统技术；

(20) 飞行器机身变形技术；

(21) 触觉传感器技术。

三、"16 构想"的特点

"16 构想"全文 6 章 69 页约 6 万多字，与"06 构想"的 34 页约 3 万字相比扩充了一倍。两版构想的巨大差异当然不只在篇幅和字数。实际上，在体系设置、涉及机构、研发规模和研发目标上，"16 构想"较之前版都更加完善宏大。

（一）更全面的体系设置

前面已提及，"06 构想"总体而言只是防卫省技术研究本部这个二级部用于指导自身中长期技术研发的内部文件；"16 构想"虽也是防卫省防卫装备厅所发布的文件，但不同之处在于它的作用除了指导自身发展，还包括为其他相关机构提供参照；"16 构想"也不像前版是孤立发布，与之配套的还有着眼于国家层次的《防卫技术战略》以及着眼于为具体装备研制提供技术路线图的《装备研究开发构想》（目前已发布首个关于无人系统的研究开发构想）。因而，"16 构想"已经是从属于一个完整的技术政策与规划体系。

（二）更广泛的涉及机构

在涉及机构方面，除防卫省内部的防卫装备厅主导研发外，通过公布和广泛的传播构想，加上不断完善"安全保障技术研究推进制度"这一竞争性政府资助制度，可广泛吸收民间防卫装备企业、大学、研究机构参与防卫技术研发，在外部培育繁荣的防卫相关技术；同时，基于前述《防卫技术战略》指示精神，包括防卫装备厅在内的日本研发机构还可通过国际共同研发的途径，吸收各外国机构参与相关技术装备的研发。

（三）更庞大的研发规模

实际上，"16构想"不仅涵盖"06构想"中防卫省内部研发的领域，还将原来属于民间部门负责的太空和网络空间、原属各自卫队根据自身作战构想自主研发的装备技术领域都进行了整合。这样一来，技术研发的规模大为扩张。以未来装备技术为例，06初版构想中提出未来装备技术仅20项（地面机器人技术；无人机技术无人潜航器、无人水面艇技术；单兵装备系统技术；核生化防护、侦测、除染技术；导弹系统技术；导弹核心技术；弹药技术；定向能武器技术；联合仿真技术；飞机系统集成技术；车辆技术；舰艇技术；飞机技术（战斗机）；飞机技术（直升机）；传感器技术；声纳技术；技术；电磁波攻防技术；网络技术），而"16构想"提出的待研装备技术57项，几乎是原来的3倍。潜力技术方面同样如此，"06构想"提出13潜力技术（力增幅技术、微能源技术，数字水印技术、光子结晶技术、电力贮藏技术、太赫兹波应用技术、纳米复合材料技术、超导电磁推进技术、生物传感器技术、功能性复合粒子技术、先进水中成像声纳技术、量子密码技术、碳纳米管技术），而"16构想"除沿用了原来9项潜力技术外（前括号下划线部分），更是全新提出了11项潜力技术。

（四）更远大的研发目标

如果说"06构想"相对而言，只是一个指导防卫省内部研究机构开展装备技术研发的内部性文件，目标设定也相对内敛。而"16构想"则通过广泛的参与合作，确立了吸收全国甚至盟友研发力量、研制包括可"改变博弈规则"在内装备的远大目标。

首先，在技术研发方向选择上。"06构想"提出要重点的发展的技术包括：①实现"多能灵活防卫力量"建军目标的技术；②确保未来作战环境中在装备上优于对手而发展的先进技术。"16构想"的重点发展技术则包括：①实现"综合机动防卫力量"建军目标的技术；②确保未来战争中取得优势的防卫装备技术；③可实现军民技术相互促进倍增的技术。虽然重点选择基本相同，但"16构想"在第②项中，遣词上已将"作战环境"修改为"未来战争"这一更加外露的表述。同时新增的第③项提出的军民技术相互促进倍增，则基本上颠覆了我们传统上对日本防卫产业与技术"寓军于民"的认知。

其次，在技术发展目标上，"16构想"以全新表述，提出日本要在未来20年内，通过重点发展，在那些"改变博弈规则"（Game Changing）技术领域中获取优势。并且，"16构想"还通过公开发布的宣传效应促进民间力量发挥作用，以达成确保"日本在防卫技术上相对于各外国的优势同时有效且高效地研制新型防卫装备"的最终目标。

专题七:俄罗斯发布新版《信息安全学说》

2016年12月,俄罗斯总统普京正式签发《信息安全学说》(2016),以替代2000年版信息安全学说。新版学说是俄罗斯信息安全建设的国家级纲领性文件,也是俄罗斯制定信息安全领域国家政策、完善信息安全保障措施,以及与其他国家和组织开展合作的基础。新版学说明确了俄罗斯信息安全保障的战略目标和主要方向,信息安全保障体系的力量构成和政府职责,以及信息安全保障体系的运行机制。

一、发布背景

在2014年新版《军事学说》中,俄罗斯首次将信息空间威胁列为其"所面临的第四种威胁",并在2015年推出的新版《国家安全战略》中明确提出,俄罗斯主张采用"包括信息手段在内的一切各种手段",捍卫国家和领土安全。新版信息安全学说则进一步指出,当前"信息空间已成为个人、社会和国家所有活动领域不可分割的一部分",在保障俄罗斯国家利益和战略主导权上,发挥着"重要作用"。信息技术已成为推动国家经济快速发展和构建信息社会的重要因素,正越来越多被用于达成地缘政治、军事和战略稳定等目的。信息安全体系已成为国家安全保障体系的重要组成部分。为此,俄罗斯发布《信息安全学说》,旨在建立安全、可靠的信息安全保障体系,以捍卫俄罗斯在信息空间的国家主权。

二、提出了信息安全保障的战略目标和主要方向

新学说明确了俄信息安全保障领域的战略目标,即:为和平发展信息空间和实现国家利益创造条件;强化国家主权、保持政治和社会稳定、实现人与公民的基本权利和自由;保护俄罗斯关键信息基础设施;尽可能降低因信息产业和电子工业发展不足对国家安全造成的影响;支持俄罗斯信息安全体系和信息产业创新、快速发展;建立稳定、非冲突的信息空间国家关系体系。

新学说从五个方面阐述了信息安全保障的主要工作方向。国防领域:实施战略遏制,防范军事冲突;完善武装力量、军事组织信息安全体系,发展信息对抗力量和装备;预测、评估和防范信息威胁等。国家社会安全领域:打击利用信息技术传播恐怖主义和极端思想;防范和打击技术侦察活动;加强关键信息基础设施保护,防止被监控;发展信息安全威胁预警、检测及后果消除机制;提高武器装备、军用/专用设备、自动化指挥系统安全性;保护涉密信息和限制访问信息安全;弱化旨在颠覆传统精神和道德价值观的信息造成的影响等。经济领域:建立创新型电子信息产业;研发和广泛使用先进的国产信息防护技术、产品和服务,保持技术独立性;提升国产电子元器件及其制造工艺竞争力;建立稳定、独立的信息技术体系等。科教领域:取得信息技术领域的竞争优势,挖掘科技潜力;开发有前景的信息技术和安全保障设备;加强人才培养;提升公众安全意识等。战略稳定和平等战略伙伴关系领域:维护信息空间国家主权;推动建立符合信息技术特点的国际法律体系和机制等。

三、明确了信息安全保障体系的力量构成和政府职责

新学说指出,俄罗斯信息安全体系具体架构将由总统统筹立法、

执法、护法、司法、监督等部门最终确定,但联邦委员会、国家杜马,政府有关部门,安全委员会,俄罗斯银行,军事工业委员会,总统及政府所属的其他跨部门委员会,各联邦主体及有关司法部门,将是俄罗斯信息安全保障体系的组织基础。除此之外,大众传媒和社交媒体、金融机构、电信运营商、信息系统提供商、信息安全保障设备研制企业,信息安全服务商、相关教育培训机构、信息拥有者等不同所有制形式的机构、社会组织和公民亦将根据需要,成为国家信息安全保障力量。

在整个国家信息安全保障体系架构中,政府将着重解决以下问题:一是保证公民和组织在信息领域的合法权益;二是监督和评估国家的信息安全现状、预测和检测信息威胁、确定防止和遏制威胁的优先方向;三是计划、实施和评估旨在发现、预防信息威胁和消除威胁实施后果的综合措施的有效性;四是协调各方力量,完成信息安全保障任务及相关活动的组织;五是完善信息安全领域的法律标准,开展业务调研、侦察与反侦察,制定科技发展、人才、物资保障规划,进行信息分析等;六是制定和落实国家对信息安全保障产品研发、生产、使用、服务提供机构的各项扶持措施。

四、明确了信息安全保障体系的运行机制

为确保信息安全保障领域各项工作的落实,学说还明确了其工作机制,指出要着力提升国家机关、地方自治机构、不同所有制形式组织和公民间的协同效率,通过"垂直管理"与"集中管理"两种方式尝试并完善在整个联邦、跨地区、区域内,信息化工程、信息系统和通信运营商间建立有效连接,并将通过信息分析和加强技术技研发提升信息安全保障实力。责成联邦安全委员会编制信息安全保障体系建设的优先方向清单,要求联邦安全委员会秘书每年要就本学说的实施情况向总统进行汇报。

五、影响分析

《信息安全学说》(2016)是俄罗斯在信息安全领域的"战略性规划文件",全面阐述了"俄罗斯联邦在信息领域保障国家安全的官方观点",从国家战略的优先方向出发,"确定了保障信息领域国家利益的基本方向"。该学说继承并发展了新版的《国家安全战略》和《军事学说》的有关思想,在其指导下,俄罗斯的信息安全建设将进入一个全新时期。

专题八:俄罗斯发布《国防工业发展》国家纲要

2016年5月16日,俄罗斯总理梅德韦杰夫签署由工贸部编制的《国防工业发展》国家纲要(第425-8号政府令),主管国防工业的副总理罗戈津给予该纲要高度评价,认为该纲要的积极落实,"将对俄罗斯国家整体经济产生积极影响",将不仅有利于俄罗斯国防工业的良性发展,其作用还将辐射至整个国民经济。

一、主要内容

该纲要包含《促进国防工业发展》子纲要,旨在以创新潜力带动军品竞争力的提升,有效促进军工综合体良好发展,从而促进军工企业创新潜力的显著提升,俄罗斯军品在国际军贸市场的稳步发展,军工企业投资与生产总额的稳固提升,军工人员潜力的有效激发,智慧潜能的全面挖掘。

该纲要对2016—2020年军工综合体发展进行整体规划,明确促进俄罗斯军工综合体发展的优先国家政策及其目的、未来五年的投资预算,以及将在有效刺激、金融扶持、人才扶持等方面的各项措施,并规定了该纲要实施的具体的衡量指标及预期成果。与以往军工综合体发展计划相比,该纲要具有十分突出的特点,即对未来五年军工综合体发展的预算资金大幅缩减,每年预算只为60~80亿卢布(逐年分别为76亿卢布、66亿卢布、69亿卢布、69亿卢布、69亿卢布),与《俄联邦国防工业2011—2020年目标纲要》所规划的每年3000亿卢布相差超过30多倍。现行的2011—2020年军工综合体发展目标纲要和其他加快国防工业发展的各项纲要均需在此纲要的框架下实施。

尽管如此,俄罗斯仍对未来国防工业发展充满信心,按照该纲要发展计划,2020年前,俄罗斯将启动929项全新的生产项目,研发1300余项军品生产技术,且军品中创新产品所占比重将提高至39.6%,军工企业将100%达到武器装备与军事技术生产所需的技术生产水准。与2014年相比,军工综合体产品总产量预计将提升1.8倍,从业人员人均产量将提升1.4倍,从业人员月薪资将提升0.8倍。

二、影响

纵观俄罗斯国防工业发展历程,类似的战略政策在执行过程中通常伴随经济、生产、主观等现实问题,在一定不同程度上影响或限制了俄罗斯国防工业发展速度与效果。例如,2015年,受外部环境、经济危机、进口替代、体制内腐败等各种因素的影响,一批国防订货或被推延或被中断。此外,困扰军工综合体发展问题还在于国防订货所需的巨大资金。据官方数据显示,仅2015年,俄罗斯国防订货总额已达18000亿卢布,但部分资金首先必须弥补军工企业巨额开支,其次才能用于军工企业的发展。

鉴于此,俄罗斯工业和贸易部部长曼图罗夫提出,要促进军工综合体更好发展,就必须要解决一系列关键问题,例如,加强组织管理、提升武器装备与军事技术产量、优化国防工业管理体系、完善部队编制、通过科技连等方式吸引更多军工人才等。

专题九:"欧洲云计划"助推欧洲大数据革命

欧洲委员会2016年4月19日宣布,将在2020年之前的未来5年,发展云服务和世界级的数据基础设施,确保科学、商业和公共服务从大数据革命中获益。

一、计划设立的背景

欧洲是世界上最大的科学数据产生地,但由于基础设施无法满足需要和没有联接成为一体,导致这些科学大数据未能被充分利用。欧委会计划增强并互联现有的科研基础设施,将其联接成为"欧洲开放科学云",向欧洲170万名研究人员、7000万名科学和技术专业人员提供一个跨越学科领域和国界的虚拟科研环境,使其能够存储、共享和复用科研数据。这需要"欧洲数据基础设施"的支持,还需要部署高带宽网络、大规模存储设施以及超级计算机,以便有效访问和处理存储在云上的大数据集。这一世界水准的基础设施,将确保欧洲能够以与其经济和科研实力相称的方式参与到全球高性能计算竞赛中来。

二、计划的主要内容

"欧洲云计划"的目标是创造一个欧洲开放科学云,向科学、工业和公共服务领域提供世界级的超级计算能力、高速互联能力以及尖端的数据和软件服务,能够充分利用大数据,让科学研究更具效率、更富有成效,让千百万研究人员在跨越技术、学科和国界的可信环境下,能够共享和分析研究数据。

欧委会将通过一系列的行动逐步推行"欧洲云计划",主要包括:

2016年:将整合与合并现有电子基础设施、连接现有的科学云和研究基础设施、开发基于云的服务,为欧洲研究人员及其全球科研合作者创造一个覆盖全欧洲的开放科学云。

2017年:对于投资强度达到770亿欧元的"地平线2020研究与创新计划",将开放其中由未来项目所生成的所有科学数据,使科学界可以重用由其生成的海量数据。

2018年:将启动"量子技术旗舰计划",加速量子技术发展,为下一代超级计算机奠定基础。

2020年之前:将部署大规模的欧洲高性能计算、数据存储和网络基础设施,建立欧洲的大数据中心,升级研究与创新骨干网(GEANT),建设两台下一代超级计算机,其中一台的排名将进入世界前三名。

实现"欧洲云计划"的公共和私有投资,大概需要67亿欧元。欧洲委员会表示,"地平线2020计划"将提供20亿欧元给"欧洲云计划",其他来自欧盟、各成员国和私人领域的投资可达47亿欧元,将在5年内分阶段提供。

三、计划的主要影响

"欧洲云计划",是欧洲增强创新能力一系列努力的一部分,服务于欧洲建立一个数字化的一体化市场的总体目标,将进一步增强欧洲的竞争力与凝聚力。该计划将有助于研究人员更便捷获取与重用数据,降低科研数据存储和进行高性能分析的成本,将使初创公司、中小企业都可以从由数据驱动的创新中获益,而且还将如"人类基因组计划"一样,催生新的产业。

该计划将以科研领域为重点,但"欧洲开放科学云"和"欧洲数字化基础设施"也可以由工业界、商业界以及公共服务领域的用户访问。

工业界将从大规模的云生态系统中获益,降低研发成本;商业界可以通过具有效费比和更加便捷的方式,利用高性能计算资源和大量的科学数据,给发展资源有限的企业,特别是中小企业,提供有力支持;公共服务领域也可以访问强大的计算资源,分析该领域所创造的海量数据,获得潜藏在数据之下的深刻规律,进而提供成本更低、质量更好、速度更快的服务。

专题十:美国联合作战司令部发布《联合作战环境2035》

在瞬息万变的世界中把握最重要战机决定着战争的胜负与成败,同时也表明了在明智审慎原则下牺牲生命和损失国家财产来捍卫重大利益的必要性。为鼓励联合部队开展有针对性的行动,以便在2035年有效地保护美国及其盟国的国家利益,美国联合作战司令部于2016年7月14日发布了《联合作战环境2035》(JOE 2035)报告。

该报告阐述了未来的安全环境并预测了环境变化对联合部队的影响,为此,本书提出并探讨了三大基本问题:一是怎样的发展现状和未来趋势将塑造未来的安全环境?二是发展现状和未来趋势将如何相互影响从而改变未来的战争本质?三是未来联合部队需要执行什么样的任务?同时,报告分三部分对基本问题进行了解答,其基本结构如图1所示。

一、2035年未来安全环境

尽管战争是人类社会的一个持久特性,但是战争的本质始终在不断变化。这一变化需要引起注意。同时,新的安全环境可视为同时存在且相互关联的挑战。2035年,安全环境中这些挑战的演变在世界秩序、人类地理学以及科学、技术和工程方面尤为明显,敌对国和组织将挑战当前全球秩序的规则。脆弱国家维持秩序的能力越来越弱。此外,预期的科学和技术进步可能在各国之间建立更强大的平等性,从而使潜在敌对势力能够更有效地挑战美国的全球利益。

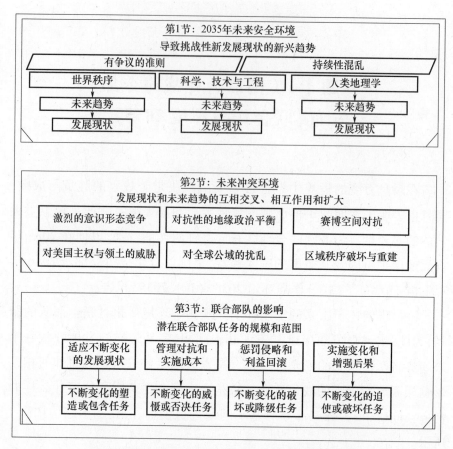

图1 《联合作战环境2035》(JOE 2035)结构示意图

未来,可能会导致挑战性新发展现状的新兴未来趋势。一是有争议的准则,在这些准则中,愈发强大的修正主义国家及组织将利用其所掌握的所有权力要素制定自己的规则,损害美国的利益。二是持续性混乱,表现为某些弱势国家越来越没有能力维持国内秩序或良好的国家治理。双重挑战有可能分裂或以其他方式破坏有利于美国但并不明显地符合美国利益的安全环境。这些新的发展现状将重新定义2035年的安全环境。

二、未来冲突的环境

简单地识别一组单独的发展现状和未来趋势并不能了解2035年的冲突和战争,为此,该报告提出了可能推动2035年的冲突6项地缘政治挑战环境,其中,每个环境都包含有争议的准则和持续性混乱要素。但是,他们各自具有不同的相对重要性,具体取决于潜在的敌对势力目标及其能够运用的各种作战能力。这些挑战包括:

(1)激烈的意识形态竞争:通过网络暴力传播扩散的不可调和的极端思想。

(2)对美国领土和主权的威胁:侵犯、侵蚀或无视美国领土主权及其公民的自由的暴行。

(3)对抗性的地缘政治平衡:美国的敌对势力国家在增强自身影响力的同时限制美国的影响力。

(4)对全球公域的扰乱:对全球公域和空间的否认和强制行为。

(5)网络空间对抗:难以界定并可靠保护网络空间主权。

(6)区域秩序破坏与重建:一些国家或地区无法应对内部政治分裂、环境压力因素外部蓄意干扰。

联合部队面临的挑战是要保护当前形成的全球秩序,并且延迟或阻止政治和社会动荡在全球范围内蔓延和加剧,联合部队的作战环境应会是在多个环境中或多个环境之间,因此,该报告还提出不应孤立地考虑未来冲突的环境,此外,未来也可能遇到不断恶化的情况。

这些环境充分说明了美国将会同时参与涉及多个行组织的多场跨国冲突。很多敌对势力都选择性地争夺和支持国际规则和惯例,同时也根据战略利益的范围和文化观点破坏社会、经济和政治秩序。此外,这些敌对势力很可能在战场上使用增强潜在的威慑、高压和作战效果的先进武器。

三、联合部队的影响

美国将在未来安全环境中面临各种新发且无法预见的挑战,未来安全环境的主要特点是有争议的准则和持续性混乱。应对这些挑战将涉及很多各个方面具体的战略和军事目标,联合作战环境依赖于各种战略目标,这些目标描述国家承诺的总体情况,同时,明确说明了美国特定战略行动所实现的可接受的最终状态,包括以下四方面:

(1) 适应不断变化的状况:确保美国能充分应对安全环境中不断出现的变化。

(2) 管理对抗并付出代价:阻止安全环境发生不利于美国的变化。

(3) 惩罚侵略及利益回滚:阻止并破坏给美国造成危险或分裂的安全环境。

(4) 实施变化并增加成本:引导安全环境向有利于美国的方向发展。

联合部队的职责是应用军事力量和国家力量的其他要素,支持战略目标的实现。为了有效地实施该等目标,美国联合作战力量要达到以下四个层级战略目标,其具体任务强度也呈现递进关系。

(1) 塑造或包含来帮助美国应对并适应变化的国际安全状况。

(2) 遏制或组织来管理敌对国的对抗行为,或者对采取侵略行为的敌对国或敌对势力付出代价。

(3) 破坏或降级来惩罚敌对势力的侵略行为或者迫使敌对势力放弃之前的利益。

(4) 迫使或破坏对国际安全环境造成变化的情况,并且随后执行这些结果。

为了了解不断变化的军事任务的广度和深度,必须检查未来冲突的环境中的战略目标及其相关军事任务的范围。通过该等检查及其与未来冲突的环境的相互交叉作用,确定了第3节所述的联合部队的不断变化的任务。

　　《联合作战环境2035》旨在鼓励联合部队做好有针对性的准备以便有效地应对实际状况,促进制定有关联合部队作战的新方法或概念,以便解决未来战略的可能需求,从而为建立持久的美国军事优势奠定基础。同时,也将确定各种未来的联合部队发展活动,并为持续进行的联合概念开发工作提供分析基础,尤其是为《联合作战顶层概念(CCJO)》的修订工作提供分析基础。

专题十一：美国顶层谋划人工智能未来发展

2016年10月13日，美国白宫发布《国家人工智能研究与开发战略规划》和《为人工智能的未来做好准备》两份报告，明确了美国人工智能未来发展七大战略方向和六大落实措施。这是美国首次在国家层面发布人工智能发展战略，旨在顶层推动人工智能研发，增强人工智能在经济、社会、国家安全等领域发挥的作用。

一、出台背景

1956年，美国首次召开以"人工智能"为主题的学术研讨会，标志着人工智能发展的起点。在随后60年的发展过程中，人工智能经历了三个阶段：第一阶段是知识积累阶段，从1956年到20世纪末；第二阶段是机器学习的快速发展阶段，从21世纪初至今；第三阶段是人工智能系统的互信性和通用性发展阶段，目前刚刚起步。

人工智能领域不断进步，对促进国家经济繁荣、改善民生、巩固国家安全等方面作用日益显著：一是对国家制造业、物流业、金融业、交通业、农业、通信业、零售业等方面产生重要影响；二是在教育、医疗、刑侦、个人服务等方面已有一定应用，提升了社会生活质量；三是已成为提升国家安全的重要支撑，美国在第三次"抵消战略"中已将人工智能作为其抵消对手相对优势的重要技术支撑。

当前，人工智能在技术发展和商业应用方面不断取得突破，但美国尚未从顶层布局人工智能未来发展，政府在促进机构间有效协作、整合社会资源、保障高风险关键技术投资、解决国家安全问题等方面发挥的作用尚有不足。

在此背景下,为充分发挥政府作用,促进国家人工智能长期、稳定、快速发展,2016年美国政府在该领域频繁开展了多项活动。5月,国家科学技术委员会成立了机器学习和人工智能分委会,负责跨部门协调工作,对人工智能及相关问题提供技术和政策建议,并监督政府、产业界和研究机构共同推进人工智能技术开发。同时,白宫科技政策办公室联合其他机构,围绕人工智能技术发展、人工智能的社会和经济影响等问题召开多次研讨会。6月,白宫科技政策办公室启动规划制定工作,并于10月正式发布,搭建了美国人工智能顶层发展框架。

二、主要内容

《国家人工智能研究与开发战略规划》从跨学科基础研究、关键技术研发、人机协作、应用推广四个层面阐述了美国未来人工智能发展的七大战略方向。为落实《国家人工智能研究与开发战略规划》提出的发展框架,充分发挥政府职能,推动人工智能领域发展,《为人工智能的未来做好准备》对政府及相关机构提出六方面落实措施。

(一) 七大战略方向

一是通过长期投资推动关键技术研发。优先投资下一代可推动人工智能技术发展的核心技术,九大重点支持方向为:以数据为中心的知识发现方法、人工智能系统的感知能力、人工智能局限性研究、广义人工智能研究、可扩展的人工智能系统、类人人工智能研究、机器人性能与可靠性、改进人工智能系统硬件性能、可兼容先进硬件的人工智能系统。

二是开发有效的人机协作方法。开发能够直观地与用户交互、并实现无缝人机合作的人类感知智能系统;推动自主学习等增进人类技能的人工智能技术研发;开发交互性强、可视化程度高的人机交互界面;开发高效自然语言处理系统。

三是建设人工智能公共数据集和测试环境。公共数据库采集数据的深度、质量和准确性将会显著影响人工智能的研发和测试水平,开发包含训练集和测试集的高质量多样化数据库、开源软件和工具包,满足人工智能的广泛应用需求,提高其商业开发和利用效率。

四是建立人工智能标准与测评基准体系。充分调动产业链上下游企业参与,开发适用性强的人工智能标准体系,建立有效的人工智能测试与评估基准体系,指导和促进人工智能技术研发。

五是确保人工智能系统安全性与可控性。提高人工智能系统透明度,增强人工智能系统信任度,确认规范和标准的可验证性,制定针对攻击的安全策略,实现人工智能长期安全。

六是理解人工智能在伦理、法律和社会方面的影响。建立人工智能行为道德体系,设计人工智能行为规范准则,使人工智能系统符合伦理、法律和社会准则,规范体系应提高公平性和透明度并设计问责制度。

七是制定人工智能人才发展规划。充分考虑当前和未来对人工智能科研人员的需求,加强人工智能领域人才培养模式研究,为推动国家人工智能发展提供人才保障。

(二)六大落实措施

一是政府应支持高风险、高回报的人工智能研究及应用,促进政府与民间机构的合作与协调发展。二是鼓励民间机构利用人工智能技术为公共事业造福,建立人工智能公开培训数据集和公开数据标准体系。三是从加强监控、完善框架、重视人才培养等方面保证人工智能长期发展。四是加强人工智能风险监管,加速自动驾驶汽车、无人机等新兴人工智能产品有序、安全地融入社会。五是重视人工智能产生的经济政策问题、社会问题、安全可控问题,及时提出相应对策。六是加强国际合作,利用人工智能提升网络安全,制定人工智能武器系统的使用规范。

三、几点认识

美国作为人工智能的领先者,已在该领域取得显著进展。2016年3月,谷歌公司"阿尔法围棋"(AlphaGo)人工智能系统完胜世界围棋冠军李世石,标志着人工智能技术在机器学习、神经网络、海量数据处理等领域取得新的突破。美国政府此次从顶层谋划人工智能未来发展,将进一步巩固其在这一领域的优势地位。

通过分析《国家人工智能研究与开发战略规划》与《为人工智能的未来做好准备》,得出以下几点认识:一是人工智能的长期发展需要政府从顶层布局,制定国家层面中长期发展规划,持续对人工智能研发领域进行投资,从而确保人工智能关键技术的发展与创新,抢占人工智能技术制高点。二是人工智能的有序发展离不开各机构间的协调与合作,需要各机构整合、共享人工智能开发所需的公共资源,建立人工智能行业技术标准体系,完善监管体系,在不影响技术创新的同时实现对行业的合理有效监管,以保证人工智能系统和产品在研制、生产和应用过程中的安全性、可靠性和可控性。三是人工智能发展产生的附带效应需引起高度重视,如自动化水平的不断提高对生产方式、生产力的影响及所带来的社会不公问题,为此需及时调整相应对策,制定相关法律法规,完善制度建设。四是开展人工智能人才调研、了解人工智能人才供需情况是建立人工智能人才体系的基础,完善的人才培养计划、高低搭配的人才体系则是推动人工智能领域健康发展的根本保障。

当前,人工智能与国家安全、网络安全等领域的融合进程不断加快,我们应当深刻理解人工智能在提升武器装备作战效能、改变作战模式、增强网络安全等方面的重要意义,为人工智能的未来发展做好充分准备。

专题十二：美国智库发布半导体制造研究报告

2016年6月27日，美国国会研究服务机构向国会提交了《美国半导体制造：产业趋势、全球竞争、联邦政策》报告。报告正文部分21页，主要内容可分成三个部分：

首先，简介了半导体技术的发展历程和当前的技术趋势，并从全球半导体产业销售产值、主要产品类别以及当前半导体产业生产方式特点等方面，给出了全球半导体产业的发展概貌；

随后，从研发投入、雇员情况、制造厂分布、国际贸易以及知识产权等方面，重点介绍了美国半导体制造业的发展现状，并对比分析了东亚、中国和欧洲半导体制造业的发展情况；

最后，指出美国联邦政府在促进半导体产业发展方面长期发挥主导作用，从初期促进产业繁荣、中期应对日本挑战、当前克服技术发展瓶颈等不同历史阶段，分别阐释了美国联邦政府通过国防部促进半导体产业发展的具体举措。

一、全球半导体产业发展概貌

美国半导体公司占全球半导体销售收入的一半左右。但美国公司正在面临韩国、日本和中国台湾地区公司的激烈竞争，同时中国政府也将半导体技术竞争力作为国家发展重点。而由于半导体制造商总是在能够提供丰厚补贴的地点设厂，从而导致美国在全球半导体生产能力中所占份额的下降。

全球20家最大的半导体公司有一半是美国公司。其余10家分别属于韩国、日本、中国台湾地区和欧洲。中国大陆的半导体公司尚未进入榜单。中国台湾地区的台积电公司是全球规模最大的半导体代工企业。

2015年,全球半导体产品销售收入已达3350亿美元。过去20年里,全球半导体产品销售收入复合年增长率为9.5%。2015年,美国半导体公司全球销售收入1660亿美元,占全球市场份额的49.6%。

2015年,集成电路销售收入约占全球半导体市场销售收入的82%,光电器件、传感器件和分立器件约占全球半导体市场销售收入的18%。在集成电路中,逻辑器件销售收入约占全球半导体产品销售收入的27%、存储器件占23%、微处理器占18%、模拟器件占13%。

半导体制造领域可以分为设计、前端制造(在硅晶片上制造出微型电路)、后端制造(负责测试、装配、封装等工艺)三部分。美国掌握着高端产品的设计部分。制造部分的工艺装备,由应用材料、阿斯麦和科林研发等公司等公司生产。全球前端制造先进工厂有87%不在美国本土。后端制造属于劳动密集型产业,通常在中国和马来西亚完成。

二、美国半导体制造业的发展现状

2013年,美国全国共有约820家半导体和相关器件制造公司。2014年美国半导体产业给国家经济贡献了约2720亿美元的增加值,约占美国制造业增加值的1%。

半导体产业面临严峻的创新压力,其研发投入约占销售收入的15%~20%,远远高于其他主要工业门类,如2012年美国全部制造业的平均研发投入仅占销售收入的3.6%。

目前,全套300毫米晶片级生产线大约需要投资100亿美元。美国半导体本土产能已经从1980年的42%,下降到1990年的30%和2007年的16%。2015年,美国300毫米晶片级生产线产能仅占全球产能的13%。其余产能主要分布于韩国、中国和日本。但微处理器生成商英特尔、存储器生产商美光、数字信号处理器生产商德州仪器、大型代工厂格罗方德等均在美国本土保留了生产能力。

2015年，美国半导体公司的海外营收占总销售收入的83%。美国制造的半导体及相关器件产值为418亿美元，墨西哥、中国、马来西亚、韩国位列出口产值排名的前四名。进口产值417亿美元，位列前四名的进口国依次为马来西亚、中国、日本和韩国，其中马来西亚约占进口产值的30%，中国大陆约占13%，比2009年的9%有所提高。

日本半导体产业持续衰退，多家生产线关闭，部分厂商已经破产，目前全球最赚钱的20家半导体公司中，仅剩下东芝、瑞萨和索尼三家日本公司。

韩国三星和现代两家公司现在是世界排名分别为第二和第三的半导体公司。2015年，三星公司占据全球动态随机存储器市场的46.4%，现代公司紧随其后，占据27.9%。

中国台湾地区目前能够提供世界上最先进的半导体代工能力，主要由台积电公司和台联电公司提供。

中国2014年的半导体产品消耗量约占全球的57%，但其中80%均为进口。国内的生产能力无法满足芯片设计能力和需求。中国的晶片制造厂正在使用过时技术和二手设备。许多芯片处于低端。在全球94家300毫米级半导体工厂中，有9家位于中国。中国曾经投入巨大的努力发展半导体产业，但未能达到预期效果。在重重出口控制和政策壁垒的限制下，中国发展半导体技术生产能力面临巨大障碍。报告也关注到中国国家控股的半导体公司近几年来对国外先进半导体公司的广泛洽购。

欧洲进入全球半导体前20名的有意法半导体、英飞凌、恩智浦等公司。欧洲2015年的产能约占全球半导体产能的3%。欧洲希望通过从2014年到2020年投入100亿欧元，推动产业界投资1130亿欧元，使其产能占据全球产能的20%。

三、美国联邦政府在半导体产业的发展过程中发挥了重要的主导作用

在产业初创期,半导体产业的创立,得益于第二次世界大战时期美国政府对材料和基础研究领域的大量投资,并通过发展原子弹的曼哈顿工程和航宇工程获得研发资助。在该阶段,美国军方为扶持半导体产业发展,大手笔采办其初期产品以加速其成熟和降低成本,如1962年美国政府订购了100%的美国集成电路产品。

在发展中期,美国半导体产业面临日本的强势竞争,20世纪80年代美国半导体产品占全球份额已经下降到不到40%。美国接受国防科学委员会建议,由国防部出面同产业界建立"半导体制造技术"研发联盟,合力开发、验证并发展高效、大批量制造先进半导体器件的制造设备。1988—1996年共投入研究经费十几亿美元,使美国半导体全球份额从1994年开始再次攀升,并超过日本。

目前,美国半导体产业主要面临的挑战,是已经发展了50多年CMOS半导体器件即将达到发展极限,亟待为产业后续发展寻找出路。为此,2015年美国政府推出"国家战略计划",拟在未来15年,在现有半导体技术达到发展极限后,为未来的高性能计算找到可行的发展途径。该计划由美国能源部、国防部、国家科学基金会主导,由情报先期研究计划局和国家标准技术研究院担任基础研究和开发机构。

此外,在半导体研发公司框架下,还设有"半导体技术先期研究网络"计划、"安全与可行信息网络空间:安全、可信、可靠、可恢复的半导体与系统"计划、"2020之后的纳米电子"计划、"具有能量效率的计算:从器件到体系结构"计划等。

国防电子工业篇

专题一：美/欧/日/俄 2017 财年军事电子领域预算投资简析

专题二：美/俄英国防电子工业管理体制机制最新调整简析

专题三：美国国防部长宣布对硅谷 DIUX 进行重大调整

专题四：美国国防部应充分利用预备役人员的创新优势

专题五：俄罗斯推行国防工业多元化发展

专题六：俄罗斯披露《武器装备国家纲要》编制细节

专题一：美/欧/日/俄 2017 财年军事电子领域预算投资简析

持续稳定的资金投入是军事电子工业发展的重要保障。美国方面，2017 财年国防部预算申请数据表明，美国特别重视网络空间、电子战和新技术发展，并予以相应的资金支持；欧洲方面，欧盟继续投资支持"石墨烯旗舰"项目发展，推动石墨烯和相关二维材料的研究从实验室走向应用；日本方面，根据日本防卫省 2017 财年防卫预算请求概要，防卫省 2017 财年在电子领域的预算将主要用于支持指挥控制与信息通信体系建设和应对网络空间威胁；俄罗斯方面，俄政府公布预算数据，将继续投资支持无线电电子工业发展。

一、美国网络空间领域预算同比有所增长

2017 年 2 月，美国国防部公布了 2017 财年国防预算申请报告。其中，用于网络空间领域的预算申请达 67 亿美元，这一额度相比 2016 年增加了 9 亿美元，表明美国网络空间任务部队及其他防御性和进攻性网络空间活动有所增加。最新预算申请报告指出，美国面临的网络空间威胁不断增加，这笔预算将主要为美国的防御性和进攻性网络空间行动、网络空间各种能力的提升，以及网络空间战略的实施提供资金保障，最终目的是强化美国网络空间防御能力，增加应对网络攻击的可选择的解决方案。

二、美国增加用于军事通信、电子、通信和情报技术的研发与采购预算

根据美国国防部2017财年国防预算申请,国防部2017财年用于军事通信、电子、通信和情报(CET&I)技术的研发与采购预算申请为107.4亿美元,达三年内最高水平,且这一预算申请不包含航空电子设备、车载电子装置以及导弹制导等。相比2016财年国防部在该领域的资金投入(100.9亿美元),美国国防部2017财年CET&I预算申请增加了6.5亿美元。

总体而言,国防部2017财年CET&I预算申请一方面包含了74.7亿美元的采购支出,相比2016财年(71.1亿美元)增长了3.6亿美元;另一方面包含了33.7亿美元的研究、开发、试验和鉴定(RDT&E)预算申请,相比2016财年(29.7亿美元)增长了13.5%。具体来看,陆军方面,在美国陆军2017财年CET&I预算申请中,4.37亿美元用于战术级作战人员信息网(WIN-T)地面部队战术网络,4381万美元用于国防企业宽带卫星通信系统,2.74亿美元用于手持便携式小型无线电,1.31亿美元用于保障通信安全,1.92亿美元用于陆军分布式通用地面系统(DCGS-A)。海军方面,在美海军2017财年CET&I预算申请中,2.49亿美元用于快速攻击潜艇声学设备,2.75亿美元用于AN/SLQ-32舰载电子战(EW)设备,1.46亿美元用于固定监测系统深海声纳系统,2.12亿美元用于一体化海上网络和企业服务战术舰载网络,1.02亿美元用于舰载战术通信,1.71亿美元用于舰艇信息战。空军方面,在美空军2017财年CET&I预算申请中,9845万美元用于空中交通管制和降落系统,7236万美元用于通信安全设备,1.99亿美元用于最低必备紧急通信网路(MEECN),1.18亿美元用于战术通信和电子设备。

三、美国提高在脑计划和高性能计算领域的投资

美国 2017 财年总统预算提出"将联邦政府在脑计划领域的预算投资从 2016 财年的 3 亿美元提高至 2017 财年的 4.34 亿美元"。参与脑计划的主要政府机构包括能源部、国防高级研究计划局(DARPA)、国立卫生研究院、国家科学基金会、情报先期研究计划局、食品药品监督管理局等。其中,DARPA 2017 财年计划投资 1.18 亿美元支持脑计划,旨在通过神经系统研究,减轻军事人员或平民减轻疾病或伤害带来的负担,同时也给他们提供基于神经技术的新型能力。另外,DARPA 正在推动神经接口技术、数据处理、成像和高级分析技术的发展,以提高研究人员对整个神经系统相互作用的理解。其他主要政府机构 2017 财年在脑计划领域的计划投资分别为:国立卫生研究院 1.9 亿美元,国家科学基金会 7400 万美元,能源部 900 万美元,情报先期研究计划局 4300 万美元。

2016 年 10 月 26 日,美国军方宣布向"高性能计算现代化项目"的五大军用超级计算机研究中心注资 5310 万美元,旨在改进用于高级研究工作的高性能计算机或超级计算机技术。"高性能计算现代化项目"始于 1993 年,旨在实现美国国防部超级计算机基础设施的现代化,解决美军面临的最严峻挑战。"高性能计算现代化项目"运营着 5 个国防超级计算机资源中心,分别是位于密西西比州维克斯堡的美国陆军工程部队工程研发中心、马里兰州亚伯丁的陆军研究实验室、斯坦尼斯航天中心的美海军海洋气象指挥部和毛伊岛、夏威夷、代顿、俄亥俄州的美国空军研究实验室。安大略省亨茨维尔美国陆军工程兵团官员公布,这笔资金主要通过三份合同,授予克雷公司和硅谷图形公司两家主要超级计算机企业,为美国国防部"高性能计算机现代化项目"采办商用高性能计算机系统。其中,美国西雅图克雷公司获得 2660 万美元合同,美国硅谷图形公司获得 1760 万美元和 890 万美元两份合同。

四、欧盟继续投资支持"石墨烯旗舰"项目发展

2016年4月,欧洲"石墨烯旗舰"项目官网宣布,该项目已进入第二阶段,主要目标是推动石墨烯和相关二维材料的研究从实验室走向应用。

早在2013年10月,为汇集和加强石墨烯的研发力量,欧盟委员会设立并启动了"石墨烯旗舰"项目,计划研发周期超过10年,投资超过10亿欧元。"石墨烯旗舰"项目第一阶段为"爬坡期",为期30个月（2013年10月1日—2016年3月31日）,由欧盟"第七框架协议"（FP7）提供资金支持,欧盟总投资额为5400万欧元。该阶段重点关注石墨烯在信息通信技术、交通、能源和传感器领域的应用。2016年4月,"石墨烯旗舰"项目进入第二阶段"核心期"（2016年4月1日起）,由欧盟"地平线2020"计划提供资金支持,欧盟年投资4500万欧元。目前,该项目处于第二阶段的"核心I期"（2016年4月1日—2018年3月31日）,研究重点包括：一是将石墨烯应用于更多领域,如用于柔性可穿戴电子设备和天线、传感器、光电子器件和数据通信系统、医疗和生物工程技术、超高硬度复合材料、光伏和能源存储等；二是对包括聚合物、金属、硅等在内的更多二维材料进行研究,并将这些材料与石墨烯复合堆叠形成自然界不存在的新材料。

五、日本投资支持指挥控制与信息通信体系建设及网络空间威胁应对

2016年8月,日本防卫省公布《2017年日本防卫预算请求概要》,提出132亿日元的预算申请用于指挥控制与信息通信体系建设。其中,44亿日元用于更换中央指挥系统,8亿日元用于三军通用云服务基础设施建设,1亿日元用于陆上自卫队云基础设施建设,39亿日元用于海上自卫队云基础设施建设,40亿日元用于航空自卫队云基础设施建设。日本将

通过分阶段地引入云技术对当前各自卫队独立发展的指挥系统进行整合,在提高运用方面灵活性与抗毁性的同时,削减系统建设的整体成本。

网络空间方面,《2017年日本防卫预算请求概要》提出共计125亿日元的预算申请,主要用于确保日本始终具备可充分应对网络攻击的网络安全能力,提高自卫队各种指挥控制系统和信息通信网络的抗毁性,构建可对网络攻击应对能力进行检验的实战性训练环境等。具体而言,日本在网络空间领域的预算投资主要用于三方面任务:一是体制的充实与强化。日本一方面将建立实战性网络演习的实施体制,即建立利用模拟指挥控制系统和信息通信网络的实战演习环境来实施演习的实施体制;另一方面将建立渗透测试的实施体制,即建立可对指挥控制系统和信息通信网络实施渗透测试的体制。二是运用基础的充实与强化。日本将投资7亿日元为作战系统配备相应的安全监控装置,以确保航空自卫队作战系统在遭到网络攻击时能够迅速感知并妥善应对;将投资26亿日元用于云基础的安全监控体系建设,为航空自卫队的云基础设施研制相应的安全服务程序,并对航空自卫队基地内部网络进行整合和优化。三是最新技术的研究与开发。日本将投资7亿日元对可强化网络攻击应对能力的网络弹性进行技术研究,以提升防卫省和自卫队的信息通信基础设施在发生网络攻击时也能够继续运行的能力。

六、俄罗斯公布未来三年无线电电子工业发展预算

2016年10月,俄罗斯政府制定了《俄联邦2017年、2018年及2019年联邦预算法》草案。根据该草案,2017—2019年,俄罗斯将为无线电电子工业发展分别投入94.66亿卢布、92.6亿卢布和95.8亿卢布。其中,2017年,俄罗斯用于发展通信设备的预算为38亿卢布,用于发展各种计算技术及相关设备的预算达33亿卢布,用于落实《专业技术设备生产发展子纲要》的预算为13亿卢布,用于发展智能控制设备生产的预算9.77亿卢布。

专题二：美/俄英国防电子工业管理体制机制最新调整简析

2016年,美、俄、英等主要国家国防管理体制机制均有新的调整变化,直接或间接影响着各国军事电子工业的管理与发展。美国方面,美国通过优化高性能计算技术、量子技术等研发组织管理体系,提升研发效果;在商务部新设多家机构,加强网络安全建设顶层咨询与指导能力;进一步重申战略能力办公室职能,明确该办公室的主要工作途径和工作模式。俄罗斯方面,俄罗斯正在积极谋划成立新的委员会,包括无线电电子工业领域企业发展专家委员会和优先科技发展方向委员会等,旨在优化工业与科技管理。英国方面,英国通过明确政府机构职能和新建网络安全中心等措施,继续着力提升网络安全管理能力。

一、美国优化研发组织管理体系,提升电子技术研发效果

（一）美国明确高性能计算技术研发组织管理体系

美国在2016年7月发布的《国家战略计算规划战略计划》中明确了高性能计算能力发展的四层管理体系。这与过去由国防部、能源部等单个政府机构独立推动高性能计算发展的组织方式不同,美国构建了任务分工明确的四层管理体系,强调利用举国力量发展高性能计算技术与能力,整体性和系统性更强。四层管理架构由问责与协调机构、领导机构、基础性研究机构、部署机构构成。

一是问责与协调机构,即国家战略计算规划执行委员会。该委员

会由白宫科技政策办公室主任和政府管理预算办公室主任担任联合主席,主要负责确保各个联邦政府的高性能计算工作与"国家战略计算规划"保持一致。

二是领导机构,包括能源部、国防部、国家科学基金会。领导机构主要负责开发和交付下一代高性能计算能力,在软硬件的研发中提供相互支持,以及为战略目标的实现开发所需人力资源。其中,能源部科学办公室和能源部国家核安全管理局将联合实施由高性能E级(1018次/秒,每秒百亿亿次浮点运算)计算支持的先进仿真项目,以支持能源部的任务;国家科学基金会将继续在科学发现、用于科学发现的高性能计算生态系统,以及人力资源开发等领域扮演核心角色;国防部将侧重数据分析计算,从而对其任务提供支持。各领导机构还将与基础性研发机构、部署机构开展合作,以支持国家战略计算规划既定目标,同时满足美国联邦政府广泛的各种实际需求。

三是基础性研发机构,包括情报先期研究计划局、国家标准与技术研究院。基础性研发机构主要负责基础性科学发现工作,以及支持战略目标实现所必要的工程技术改进。其中,情报先期研究计划局主要负责研发未来计算范式,为当前的标准半导体计算技术提供备选方案;国家标准与技术研究院主要负责推动计量科学的发展,为未来计算技术提供支持。基础性研发机构将与部署机构密切协调,从而保障研发成果的有效转化。

四是部署机构,包括国家航空航天局、联邦调查局、国立卫生研究院、国土安全部、国家海洋与大气管理局。部署机构负责确定以实际任务为基础的高性能计算需求,以及向私营部门及学术界征询关于高性能计算的有关需求,从而对新型高性能计算系统的早期设计产生影响。

(二)美国建议打破当前量子技术研发机构界限

美国国家科学技术委员会、科学分委会与国土与国家安全分委会联合在2016年7月发布的《美国在推进量子信息科学上面临的机遇与挑战》报告中指出,打破量子技术研发机构间的界限,是推动量子技术发展的重中之重。

报告指出,美国当前从事量子信息科学的大多数研究机构间的界限十分明显,例如,国家科学基金会所辖的各部门分别对不同大学院系的量子信息科学相关研究进行资助。当前这种相互割裂的研发体系不利于未来量子技术的快速发展。报告认为,未来在量子信息科学研发的关键阶段中,须各研发机构超越组织界限,通过开展更多合作,才能加快量子信息科学研究步伐,共同推动量子技术发展。因此,报告建议,美国必须打破当前量子技术研发机构间的界限,设立能为不同研发团队提供资金支持的联邦项目,鼓励大学组建能够超越院系界限、促进人员合作的量子技术研究中心或研究所,同时也鼓励大学与政府和基金会间建立伙伴关系,通过合作研究,加速量子信息科学进步。

二、美国新设多家机构,加强网络安全顶层咨询指导能力

2016年,美国新设立多家机构,着力提升美国网络安全建设顶层咨询与指导能力。2月,美国公布"网络安全国家行动计划"时宣布在商务部成立"国家网络安全促进委员会"和"国家网络安全促进委员会"。前者成员由网络安全、网络管理、信息通信、数字媒体、数字经济、执法等领域权威专家组成,针对关键信息基础设施管理、系统与数据防护、物联网与云计算安全、教育培训、投资等议题,提出未来十年发展指导性建议及措施。后者主要负责指导政府机构与企业在网络空间安全关键技术的研发与部署方面开展合作。除了在商务部设立上述两个机构,"网络安全国家行动计划"还提出由国土安全部、商务部、能源部共同推进"国家网络空间安全弹性中心"建设,评估企业网络安全系统安全性,指导其改进完善。

三、美国国防部进一步明确战略能力办公室机构职能

美国战略能力办公室成立于2012年,该办公室主管威尔·罗珀在2016年4月举行的一次会议上重申了战略能力办公室的职能。罗珀表示,战略能力办公室目前拥有6名政府职员、约20名技术工程师合同人员、13名军职人员以及其他人员等。该办公室每年都对国防部现有系统进行考察,提供5~6个新概念,且从概念到列编项目转换方面具有非常高的转换率。

战略能力办公室主要通过三种途径使国防部获得对敌优势。一是重新改变用途,将原本用于执行一种任务的系统转变为执行完全不同任务的系统。二是多个系统集成,将系统 A 和系统 B 进行整合,从而完成单独用系统 A 或系统 B 都不能完成的任务。三是采用商业技术,将各种现有技术集成到智能感知、计算和网络中,改变系统能力。战略能力办公室所开展的每项工作均与各军种合作进行,而非由该机构独自开展。因为战略能力办公室重新创新、重新构想的系统均归各军种所有,与独自开展项目相比,通过与各军种合作可更加快速地推进项目进展与部署。

四、俄罗斯积极谋划成立新的委员会,优化工业与科技管理

(一)俄罗斯国家杜马决定成立无线电电子工业领域企业发展专家委员会

2016年10月,俄罗斯国家杜马经济政策、工业、创新发展和企业经营活动委员会召开会议,决定成立无线电电子工业领域企业发展专家委员会,旨在对无线电电子工业现状及未来发展趋势进行分析和预测,并对用以规范本行业企业活动的相关法案的制定提出合理化建议。

无线电电子工业领域企业发展专家委员会将隶属于国家杜马经济政策、工业、创新发展和企业经营活动委员会,俄罗斯机械制造商联盟副主席弗拉基米尔·古捷涅夫担任该委员会主席,其成员包括29名俄罗斯大型企业和集团的代表,例如俄罗斯工贸部无线电电子工业司司长谢尔盖·霍赫洛夫、联合仪器制造公司总经理亚历山大·亚古宁、俄罗斯通信设备集团公司总经理亚历山大·安德烈耶夫、"金刚石-安泰"国家专业设计局副总经理根纳季·科兹洛夫、高频系统科研生产联合体总经理顾问奥列格·卡沙、无线电技术与信息系统公司副总设计师亚历山大·拉赫曼诺夫等。

2016年春,俄罗斯总统普京参加机械制造商联盟会议时表示,俄罗斯必须重视无线电子工业发展,微电子是关系国家工业发展的基础,好比机床制造业一样,都是俄罗斯工业体系中的基础行业,直接影响工业整体竞争力。目前,俄罗斯微电子产业面临诸如出口比例较小、国内需求不足、国家订货无法满足等困境,无线电电子工业领域企业发展专家委员会应认真研究、统筹考虑在实施相关项目,以及制定关于扩大无线电电子工业扶持措施建议时该行业各企业的实际利益。

(二)俄罗斯政府成立俄联邦优先科技发展方向委员会

2016年1月,俄罗斯总统普京在科学与教育委员会会议上责令内阁要认真分析当前形势,采取措施加快重组科学组织网络体系,并委托内阁与总统科教委员会于10月30日前,在兼顾科技发展战略的基础上,考虑成立俄罗斯优先科技方向发展委员会,确定其法律地位和业务制度。7月,俄罗斯政府发布《关于建立俄联邦优先科技发展方向委员会》的政府令。文件规定,优先科技发展方向委员会(以下简称"委员会")为协商性机构,旨在分析、鉴定、组织俄罗斯科技发展战略的实施,主要职能具体包括对科技领域发展现状及前景进行分析;准备并向总统科教委员会主席团提交报告,包括创新产品市场分析报告;参与创新项目全周期的遴选鉴定,包括技术研发、项目监测及其法律保障等。

五、英国通过明确政府机构职能和新建网络安全中心等措施,着力提升网络安全管理能力

(一)英国扩展政府机构在网络安全领域的职能

英国在2016年11月发布的《国家网络安全战略2016—2021》中,明确了政府机构和市场在网络安全领域发挥的主要职能。相比2011年版网络安全战略,新版战略明确指出要扩展政府机构在网络安全领域的职能。在新版战略的指导下,英国将在继续利用市场力量改善网络安全环境的同时,强调进行更加积极的政府干预。

战略指出,英国政府可利用的干预手段包括:一是政策杠杆和激励机制。通过支持网络安全领域的创业公司和创新投资,最大化英国网络部门的创新潜力;尽早在教育系统中识别和引进人才;利用一切可利用的政策杠杆,包括即将出台的《一般数据保护规定》(GDPR),提高整个英国的网络安全标准。二是情报及执法。英国政府要扩大针对网络空间威胁的情报及执法力度,一方面,情报机构、国防部、警察和国家犯罪局,将与国际伙伴机构一道,努力识别、查明和破坏国外行为主体、网络罪犯和恐怖主义者的恶意网络行为;另一方面,要努力提高情报收集和开发利用能力。三是网络空间技术。英国政府将与工业界合作开发和部署包括主动网络防御措施等在内的网络空间技术,加深对网络威胁的理解,强化英国公共与私人部门的系统和网络安全,破坏恶意网络行为。四是网络安全中心(NCSC)。英国政府要充分利用国家网络安全中心共享网络安全知识、解决系统性漏洞,为关键的国家网络安全问题提供指导。

(二)英国国防部新建网络安全运行中心

2016年4月,英国国防部(MoD)投资超过4000万英镑打造网络安

全运行中心（CSOC），用于支撑其网络及 IT 系统防护。该网络安全运行中心设在英威尔特郡的科思罕，将致力于应对网络安全挑战，提高网络防御能力，保护英国国防部的网络安全。2015 年 11 月，英国政府推出了"战略防务和安全评估（SDSR）"计划，称将在 5 年内投资 19 亿英镑用于保护英国免受网络攻击并提升其在网络空间的能力，新的网络安全运行中心就是该计划一个重要组成部分。

英国国防部长麦克·法隆表示，当前网络安全威胁正与日俱增，新的安全运行中心将有助于确保英国的武装力量得以持续安全地运作。麦克·法隆还表示，受益于国防预算的增长，英国在网络空间领域将保持相对领先的位置。

专题三：美国国防部长宣布对硅谷DIUX进行重大调整

2016年5月11日,美国国防部长阿什顿·卡特在硅谷宣布将在创新枢纽波士顿设立第二个"国防创新试验小组"(DIUX 2.0),继续加强国防部和硅谷高科技企业的合作,利用这些企业在研发、创新和人才方面的优势,解决国防装备和技术滞后于商业现货产品与技术的问题。

2015年4月,美国国防部长卡特在硅谷宣布成立"国防创新X机构"。作为国防部业务拓展办公室和新的军事技术创新实验中心,该机构承担着在技术、创新方面为国防部与工业界重新建立友好关系的重任。2015年7月,国防部副部长罗伯特·沃克签署备忘录,国防部首个全职外联办公室"国防创新试验小组"在硅谷正式投入运行。截至目前,DIUX已为国防部与美国500多家初创企业和高科技公司建立联系,举办了各类由国防部高级官员、技术创新团队参与的高端论坛,并为国防部提供了20多个从风力发电无人机到数据分析工具的高科技项目,克服了国防部面临的迫切作战挑战。

与首个"国防创新试验小组"相比,美国国防部对新设立的DIUX 2.0在管理结构、资金支持、业务运行方式等方面进行了调整,呈现出以下4个新的特征。

第一,国防部将DIUX模式在全国范围内推行。自DIUX创建以来,其管理模式和运行理念已获国防部认可。新设立的DIUX 2.0不单单是对DIUX的简单重复,在功能、人员和资金等方面都有所拓展。美国拥有众多技术卓越中心,除了此次在波士顿设立的DIUX 2.0,国防部还将在更广范围内设立更多DIUX。

第二，国防部正在对DIUX处理能力进行升级。在国防部2017财年预算中，其新申请了3000万美元资金，用于非传统公司研发新兴商业技术，满足军方快速采办需求。同时，各军种也联合为新兴商业技术研发提供资助，并将其引入军事系统为未来作战人员提供战场优势。DIUX将不遗余力通过择优评比、对合作伙伴技术进行孵化培育，以及提供有针对性的研发等方式，资助新兴商业技术的研发。

第三，国防部对DIUX 2.0管理结构进行了调整，吸引了包括苹果公司、谷歌公司、前美国国家安全委员会高级顾问、空军预备役上尉、国家警卫队等拥有军工和高技术企业工作背景的人员，组成结构更加扁平化的合作伙伴管理团队，共同监督和管理DIUX的运行，管理团队中的负责人直接向国防部长就DIUX运行情况进行报告。

第四，DIUX 2.0将成为初创企业新型承包方式的试验平台。这些企业采取商业化运营模式，通过DIUX 2.0与国防部快速采办单元保持密切联系，能够快速执行时间敏感型采办项目，满足国防部快速采办的需求。DIUX 2.0也将效仿这些企业的商业化运营模式，缩短商业和军事领域之间的差距。

专题四：美国国防部应充分利用预备役人员的创新优势

美国国防部科技安全局前董事、兼任SDB公司总裁的斯蒂芬·布莱恩，以及犹太政策中心高级主管苏珊娜·布莱恩近日接受美国防务新闻网采访称，美国国防部长阿什·卡特通过在硅谷设立国防创新实验小组（DIUX）的方式，希望在硅谷和国防部之间建立密切联系，利用硅谷高科技企业和人才在技术研发和创新领域的优势，在确保国家安全的前提下更快、更高效地为国防部提供所需的产品和技术。

除此之外，国防部应更好地利用各军种预备役人员和国民警卫队力量，充分发挥这些人员退役后在商业领域、工业界和学术界领域的优势，解决作战部队面临的迫切问题。这些人员经过长期的专业训练，拥有实战经验，专业技能强。

目前，尽管美国国防部拥有一些关注网络安全和情报的机构，但尚未有将军事领域的经验转换为满足国家安全需求的产品和技术的有效途径。国防部需要采取以下4项措施，加强国防部与预备役人员之间的协作。

（一）构建虚拟预备高科技机构

随着人们越来越多地生活在基于互联网和云系统的虚拟世界，他们可以实现不同区域、不同时间的协同办公。这种虚拟预备高科技机构模式为预备役人员提供了安全的云连接和云平台，用于审查具体项目的实施或联合开展某些项目。同时，这些机构也可将国家实验室和承包商进行整合，使两者参与项目实施。这种模式通过吸引不同地域最优秀的人才,并为其提供便捷、高效、成本节约的工作方式,创建一种全面解决问题的方式。

(二)对预备役人员运营的企业引入风险投资

预备高科技机构将产生新的产品和知识产权,并将这些成果转交给承包商或成立由预备役人员运营的新企业。这些成果往往与国防部需求直接相符,国防部将成为企业的直接客户,使其在创业投资界非常有吸引力。在对由预备役人员创办企业进行拆分重组时,国防部允许引入风险投资,并确保相关条款与行业标准和国防部长期利益相一致。

(三)招募特殊预备役人员

硅谷高科技行业中有许多爱国人士,为国防部项目实施提供技术指导和科学技能。过去几年,美国政府通过招募企业高层管理人员的方式,使其成为特殊预备役人员,为国防部提供重要服务。如果组织得当,特殊预备役人员可通过评估项目和计划提供帮助,给予宝贵的管理建议,并为预备役机构担任指导人员。

(四)构建国家注册系统

美国国防部应按照专业领域,为现役人员和退休的警卫队和预备役成员构建国家注册系统。这将为国防部赢得不同专业领域的预备役人员支持,如人工智能、网络安全、纳米材料等。此外,国家注册系统将扩展至包括非预备专家和想要服务自己国家的管理者。

专题五:俄罗斯推行国防工业多元化发展

一、背景

乌克兰危机以来,俄罗斯所面临的内外部不利因素日益增加,西方在诸多领域对俄罗斯实施制裁,阻碍了国防工业的快速发展,加之因国际原油价格大幅下调而愈演愈烈的金融危机,对俄罗斯整体国民经济造成严重冲击。不仅如此,未来5年用于俄罗斯国防工业发展的联邦预算资金大幅缩减,与《俄联邦军工综合体2011—2020年目标纲要》所规划的每年3000亿卢布的预算资金相比,新版纲要将预算缩减至每年预算不足100亿卢布。然而,面对俄罗斯要在2020年前完成80%的俄军换装,保证装备的现代化水平超过50%的任务,以及确保俄罗斯在国际武器装备市场的优势地位,这都对俄罗斯国防工业提出巨大挑战。

二、主要举措

2016年5月,俄罗斯在2016—2020年《军工综合体发展国家纲要》中明确提出,要转变国防工业产品结构,提高军工企业开展民用产品生产的比例,促进高技术、有竞争力的民用及两用技术产品的生产,确保到2020年前,民用产品生产量提升30%,促使军、民品生产比重持平,从而促进俄罗斯国防工业发展。同年9月,俄罗斯总统普京在图拉参加关于如何利用国防工业潜力发展高技术民用产品的会议时再次强调,要最大程度利用俄罗斯在国防工业领域的潜力,以及多年来所积累的技术与管理经验,进行多元化的军工生产,并重申提升民用产品生产对军工企业的重要意义。

(一)面向医疗、能源、航空、航天、船舶、信息技术等科技密集型产业,着力发展具有高技术含量的民用产品

鉴于苏联时期"雪崩式"军转民的失败教训,普京强调,国防工业决不能再重蹈苏联覆辙,不能将军转民定位于锅、熨斗等低技术含量的生活用品,也不能指望通过粗放式的转型满足国防工业发展需求,而要将国防工业领域的巨大潜力与成功经验积极应用于医疗、能源、航空、航天、船舶、信息技术等科技密集型产业的高技术民用产品的研发与生产实践,并建立可涵盖高技术产品从初期摸索到最终利用全过程的有序的经济运行机制,发挥进口替代委员会对民用产品销售的协调作用,建立更为高效的军、民品发展模式,通过以军促民,最终带动国防工业快速发展。

(二)对现有产业结构与管理体系进行系统分析,对未来军转民途径和效果进行综合预测,为国防工业多元化发展做出前瞻性调整与统筹

为提升民用高技术产品数量,并在相对较短时间内转变国防工业领域产业结构,俄联邦反垄断局国防订货领域竞争发展工作组专家丹尼斯·茹连科夫认为,俄罗斯必须解决以下五项关键任务:

- 扫除法律和信息层面障碍,为国防工业的发展及创新活动的开展提供统一平台,优化军、民生产流程,促进技术的共享与经验的交流;
- 明确国家多元化发展的优先领域,调整并选取2025年前及未来可从事国防订货任务的供应商;
- 建立关于"产品名录""国防订货任务量"和"促进俄军动员能力的任务"的原始数据系统;
- 预测从事国防订货任务的供应商进行多元化发展的前景,包括

对民用产品现有的及潜在生产力进行综合评估和预测；
- 登记从事国防订货任务且军、民产业结构成多元化发展或进行军、民产业结构调整的供应商，并对其所实施的改革将产生的附加社会经济影响进行预估。

三、未来预测

军工企业积极探索军事技术的转移与转化，预期成效将于2020年显现。一批大型军工企业将发展民用高技术产品作为企业发展的重要方向之一，积极探索和尝试军用技术向民用领域的转化与应用。例如，俄罗斯技术国家公司就将发展民用技术，并将民用产品比例提升至50%列为其发展战略之一。虽然，目前俄军工企业在民用领域技术转移方面还处于起步阶段，且由于国防订货的成倍增长，与2011年相比，2015年俄罗斯国防工业领域民用产品比重下降50%，仅占16%，但基于俄罗斯在国防工业领域的潜力，以及政府的大力支持，预计到2020年，无线电电子工业领域民用产品生产总量将提升2.7倍，航空领域民用产品生产量也将提升1倍。

专题六：俄罗斯披露《武器装备国家纲要》编制细节

2016年8月31日，俄罗斯导弹与炮兵科学院院长瓦西里·布连诺克教授在《军工信使》上发布了一篇名为《俄罗斯军备缩减国家计划》的报告，针对俄罗斯政府计划推迟《2025年前武器装备国家纲要》启动时间并缩减军备开支的做法，分析了武器装备国家纲要实施的重要意义，阐述了纲要编制的依据及流程，预测了衰减军备开支的严重后果。以下为该报告的主要观点。

一、背景

俄罗斯武器装备国家纲要每5年更新一次，每个版本的国家纲要的执行周期为10年。按照惯例，今年应启动《2025年前武器装备国家纲要》，但目前为止，该纲要尚未启动。受全球经济危机、国际经济局势的变化、乌克兰事件、西方制裁等多方外部因素影响，俄罗斯无法准确预测目前国家社会经济发展状况，并确定武器装备国家纲要所应规划的投资总额，故俄罗斯总统普京决定，将该纲要的启动时间定为2018年。但事实上纲要的编制工作迟迟停滞不前的首要原因则是强力部门和经济集团之间的冲突。

然而，武器装备国家纲要无法实施、武器装备与军事技术研发与生产的经费缩减将使国家国防能力受到影响，使军工企业停滞不前，科研潜力下降，从而影响国防工业更好发展，阻碍工业能力的提升，最终威胁到国家安全和国家利益。

二、编制武器装备国家纲要的重要性

(一) 对国家安全具有重大战略意义

武器装备国家纲要是对俄罗斯未来10年武器装备与军事技术发展的综合性战略指导文件,旨在明确武器装备与军事技术存在问题、发展方向、优势领域等,促进现代化武器装备的研发与生产,提升国防工业整体能力,以及军事实力,从而保障国家安全。

(二) 对国防工业发展具有积极纽带作用

事实上,武器装备国家纲要是编制军工综合体发展国防纲要的基础。后者旨在发展军工企业,保障武器装备国防纲要各项方案的实施。因此,军工综合体发展国防纲要投资总额与武器装备国家纲要密切相关。也就是说,如果降低武器装备国家纲要投资额,军工综合体发展国防纲要不可避免地也会受到影响。进而,阻碍技术与装备换装,成为影响拉动经济发展的重要因素。这样国防工业将受到双重打击:因武器装备国家纲要投资总额下降,国防订货总额随之下降,因军工综合体发展国防纲要投资削减,用于换装计划的投资也相应受到影响。

三、纲要编制的依据

(一) 遵循国家战略政策的指导

首先,俄罗斯武器装备国家纲要的制定需遵循国家战略政策的指导,相关政策包括:《俄罗斯国家安全战略》(2015年12月31日)、《俄联邦军事学说》(2014年12月25日)、《俄联邦2025年前及未来军事技术政策基础》(2016年4月24日)、"关于实施俄军、其他部队、军事机构和军工综合体现代化改造的建设与发展计划(纲要)"总统令、《俄联邦2020年前及未来国防工业发展政策基础》《俄联邦2020年前及未来科技发展政策基础》《航空工业发展国家纲要》《造船工业发展国家纲要》等。

其中,《俄联邦2025年前及未来军事技术政策基础》提出,要"完成向新型武器装备系统的跨越,确保基础性军事技术的运用,以及将关键性工业工艺运用于前沿武器装备、军事技术和专用技术的研制"。2012年5月7日俄罗斯签署的"关于实施俄军、其他部队、军事机构和军工综合体现代化改造的建设与发展计划(纲要)"的第№603总统令也明确指出,要"在2020年前将武器装备、军事技术与专用技术现代化程度提升至70%"。

(二)依据对国防工业及武器装备发展具有重要意义的数据

1. 军事战略与作战原始数据

军事战略和作战原始数据是编制武器装备国家纲要过程中最终的一类数据。这些数据是建立在俄军在对可能参与的战争及武装冲突的类型与强度分析预测基础上,系统性地表征了俄军的军队结构、作战组成(各军、兵种),以及技术装备(武器装备、军事技术及专用技术系统)等方面的要求。通过对潜在敌对方作战部队编成和技术装备的分析,来确定武装力量体系、样式、系统、数量和现代化装备的类型。

2. "世界武器装备、军事技术与专用技术发展主要趋势"数据

"世界武器装备、军事技术与专项技术发展主要趋势"数据——可表明武器装备有哪些型号,具有哪些性能,未来在潜在敌对国家的数量情况。依据该数据,不仅可以确定俄罗斯是否计划研制或有能力研制某种装备,用以对抗潜在敌人,还能够确定俄罗斯武器装备应当具备什么样的性能。如果经分析认为,暂时不需要开展研制工作,则需考虑需

应在多长时间内研制出新型装备,以保持俄罗斯在某项军事技术方面对他国的抗衡能力。在此对数据综合分析的基础上,分析核算得出每种武器装备样机和整个科研试验工作所必需的武器装备、军事技术和专用技术研制所需经费总额。

四、编制流程

(一)针对武器装备批量生产工作

在综合考虑国防各项战略政策发展纲要与计划,并对大量军事战略与作战原始数据搜集、整理、分析的基础上,国防部及其军事管理机关和下属的众多科研院所进行严格、细致统计,准确判断俄军部队和军事集团换装所需的经费总额。同时,针对在武器装备全寿命周期中可能由于不符合标准,或需要技术更新、换装等原因,还必须考虑在纲要执行周期内,需要退役和收回利用的装备的数量,确保计划实施期间的成本总额与退役装备的资金总额持平。最终确定出俄军应当拥有的武器装备、军事技术和专用技术的数量、形式,以及经费投入。

(二)针对武器装备的科研与试验设计工作

针对武器装备的科研与试验设计工作,由于该项工作的投资需求确定方式并不直观,因此需通过分析"世界武器装备、军事技术与专项技术发展主要趋势"数据,找出俄军武器装备同潜在敌对国装备的优势与差距,明确科研的努力方向、应攻克的技术、需研发的装备种类、型号、研制期限等技术指标和工作计划,最终确定武器装备国家纲要对科研试验工作的发展规划与经费投入。

五、结论

综上所述,武器装备国家纲要不仅仅是一项用于保障国家安全的政策文件,更是促进国家工业发展和科技潜力提升的重要指导文件。降低国防投入将影响国家安全、工业发展。因此,在决定要缩减经费之前,必须系统分析投资不足将造成的后果。瓦西里·布连诺克教授建议,不应采取该措施。

装备与技术篇

专题一：美国海军一体化防空反导雷达最新发展

专题二：美军联合信息环境发展需强化监督管理

专题三：DARPA 研究利用全量子模型改进光子检测技术

专题四：美国武器装备软件问题及对策分析

专题五：DARPA 寻求表征机器学习基本边界的数学理论框架

专题六：美国新一代空间目标监视雷达完成接收阵列建造

专题七：美国认知电子战技术发展动向分析

专题八：国外高性能计算机发展动向分析

专题九：美军不依赖 GPS 导航技术最新发展

专题十：国外高度重视脑机技术发展

专题十一：美军云计算发展措施研究

专题十二：美国量子信息技术发展分析

专题一：美国海军一体化防空反导雷达最新发展

一体化防空反导雷达是美国海军"宙斯盾"武器系统 AN/SPY-1 雷达的替代型号，将是美国海军未来40年的主力舰载雷达。2016年5月，美国海军完成一体化防空反导雷达一体化防空反导雷达近场靶场试验，将其部署于太平洋导弹靶场进行下一阶段试验。一体化防空反导雷达这部雷达在技术上也代表了舰载防空反导雷达的发展方向。

一、发展背景

2006年5月，美国国防部联合需求监督委员会发布《联合部队海上防空反导初始能力文件》，指出美国海军在防空作战和弹道导弹防御能力方面与未来任务需求存在差距。随着多种先进打击武器的出现，防空作战任务需要具有更高灵敏度和更强杂波抑制能力的雷达，在恶劣条件下识别隐身、超低空飞行等目标威胁；导弹防御任务需要具备更高灵敏度和带宽的雷达，在所需作用范围内进行弹道导弹探测、跟踪，支持拦截作战。

美国海军认为，仅通过对"宙斯盾"系统的 AN/SPY-1 雷达升级或改进，无法满足潜在作战需求。AN/SPY-1 采用无源相控阵体制，信号传输损耗大，在能量管理、重量、可靠性方面也存在缺陷。因此，美海军于2009年6月提出研发下一代舰载双波段一体化防空反导一体化防空反导雷达雷达，取代现役 AN/SPY-1 雷达，提高"宙斯盾"系统的综合防空反导能力。

根据美国海军的要求，一体化防空反导雷达需具备多种功能，主要用于探测和跟踪弹道导弹、飞机、超声速掠海反舰导弹,且敏感度、带宽和弹道导弹识别能力均要高出 AN/SPY–1 雷达,能够远程探测、识别先进弹道导弹支持拦截作战。

二、系统构成及关键技术

一体化防空反导雷达采用双波段固态有源相控阵体制,一套完整的雷达系统包括:一部体搜索的四面阵 S 波段雷达 AMDR–S,一部水平搜索三面阵 X 波段雷达 AMDR–X,一台雷达控制器,整套系统通过统一接口与"宙斯盾"作战系统连接。AMDR–S 负责远程对空对海搜索跟踪、弹道导弹防御、支援对陆攻击,AMDR–X 负责精确跟踪、导弹末端照射、潜艇潜望镜探测和导航;雷达控制器负责管理两个波段的雷达资源,并协调与"宙斯盾"作战系统的交互关系。

美国海军原计划在 DDG–51Ⅲ型驱逐舰上装备全套一体化防空反导雷达系统,但因该驱逐舰的电力供应有限,2012 年 4 月,宣布首批 12 艘 DDG–51Ⅲ驱逐舰将继续使用现有的 X 波段 AN/SPQ–9B 单面阵旋转水平搜索雷达的改进型,与 AMDR–S 雷达配套,以后再考虑 AMDR–X 的上舰问题。为节约舰上电能,一体化防空反导雷达采用双功率工况,当驱逐舰执行作战任务时,雷达以高功率运行,平时则以较低功率运行。

美国海军一体化防空反导雷达采用以下三项关键技术:

一是大孔径双波段数字波束形成技术。这项技术是研制一体化防空反导雷达遇到的最大技术难题。由于防空和反导对雷达的敏感度要求不同,难以同时进行高精度的防空和反导探测。为此,美国海军采用了数字波束形成技术,亦即在天线子系统加入一种信号处理方法,通过编程控制波束,同时形成多个独立波束,发挥多部常规雷达的作用,能够同时执行防空反导任务,并能有效对抗有源干扰和环境干扰。

二是采用氮化镓半导体组件。美国海军一体化防空反导雷达是世界上首部采用氮化镓半导体收/发组件的舰载雷达。氮化镓比功率比砷化镓高一个数量级,热导率超过7倍,可大幅提升雷达性能并降低功耗,使得一体化防空反导雷达在功率、重量、体积、探测能力及可靠性方面比当前雷达系统大幅改进。

三是开放式体系结构及模块化软硬件技术。美国海军一体化防空反导雷达采用开放架构,使用了0.61米×0.61米×0.61米的雷达模块组件技术,9个雷达模块组件达到相当于AN/SPY-1的探测距离,69个模块组成的合成阵列可达到4倍于AN/SPY-1的探测距离。模块组件可根据需要堆叠出不同尺寸的雷达,部署于不同的舰船平台。雷达所有的冷却系统、电源、指令逻辑和软件均可扩展,软硬件模块即插即用,不仅降低了雷达制造和升级成本,还可在雷达全寿命周期内实施技术插入并提升性能。

三、项目进展

2010年9月,美国海军一体化防空反导雷达项目正式启动,进行AMDR-S和雷达控制器技术研发。2012年9月,氮化镓高功率放大器及收/发组件、数字有源阵列架构、数字接收器/激励器、大孔径数字波束形成与校准技术完成验证。

2013年9月,一体化防空反导雷达项目进入工程与制造与研发阶段。该阶段建造了1部单面阵AMDR-S、2个雷达控制器工程样机,并在太平洋导弹靶场进行测试。2015年4月,美国海军从硬件规格、软件开发、风险降低、生产性分析、项目管理、试验进度以及成本等技术层面对项目进行了关键设计评审,验证了其设计可行性、技术成熟度、低风险性、可生产性。

2016年1月,完成了第一部完整雷达阵列的制造,包括5000个收/发组件。5月,对一体化防空反导雷达进行了性能测试和校准,同时在近场靶场测试中验证了对真实目标的跟踪能力,6月,将其交付太平洋导弹靶场的先进雷达研发评估实验室。这标志着一体化防空反导雷达进入现场试验阶段。

根据美国海军计划,一体化防空反导雷达将在2017年进入生产与部署阶段,装备DDG-51Ⅲ型驱逐舰2021年第一艘DDG-51Ⅲ型服役后,开展初始运行试验鉴定,此后转入全速生产阶段,于2023年形成初始作战能力。美国海军拟采购22部一体化防空反导雷达,其中,包括9部低速生产阶段的雷达;13部全速生产阶段的雷达。

四、作战能力及影响

美国海军一体化防空反导雷达既能执行对弹道导弹和反舰导弹的远程预警探测、跟踪识别、拦截引导、毁伤评估,还能执行反舰、反潜、远程对陆攻击等多种作战任务,开启了舰载雷达防空反导一体、反舰反潜对陆多功能集成、结构和功能可扩展的先河(图2)。

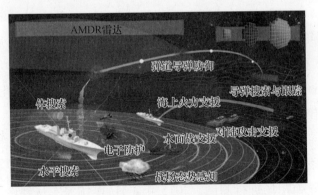

图2 一体化防空反导雷达作战效能示意图

具有较高作战性能优势,远超AN/SPY-1。该雷达是美国海军第一部采用氮化镓半导体收发组件的雷达,同时也是美国海军第一部真正意义上的完全可扩展雷达。与现役AN/SPY-1雷达的阵面(3.66米)相比,AMDR-S雷达阵面扩大至4.26米,探测距离提高2倍,最小目标探测能力提高1倍,探测覆盖范围提高13倍,同时处理目标数提高5倍,同时制导导弹数量增加3倍,对各类目标的探测能力远优于其他对手,可增加航空母舰编队的区域防御作战半径;采用多波段综合集成方式,统一管理接口,最大限度提高系统资源利用率,增强了多频段协同探测能力与雷达综合作战效能。

构成美国海军新型海上信息作战体系的核心。在美国海军未来综合防空反导作战中,一体化防空反导雷达通过"协同作战能力"和"海军综合防空火控系统"等实现传感器组网与协同作战,由地面、空中、天基探测器为AMDR-S雷达提供目标指示,增大海上编队的态势感知与目标探测距离,扩大武器系统的杀伤区域。此外,在作战功能上,一体化防空反导雷达不仅能满足防空反导基本需求,并能兼顾低空、超低空目标探测、反潜、电子防护、气象、导航等多种功能,可满足编队多项作战需求。

专题二：美军联合信息环境发展需强化监督管理

2016年7月，美国政府问责署（GAO）发布《国防部须加强联合信息环境（JIE）的监督管理》报告，评估了JIE发展建设情况，总结了存在的问题并提出相应的整改建议。

一、出台背景

2015年7月，美国国防部向参议院军事委员会提交了JIE的信息技术顶层规划。为了确保该规划的合理性，参议院军事委员会委托GAO启动了相关评估工作。

JIE是美国国防部制定的2030年前信息技术现代化框架，是2011年以来美国国防部信息技术领域政策文件的核心主题，也是美国国防部官员每次简报和采访几乎必谈的重要工作。美国国防部高层认为，JIE是全球信息栅格的发展，是国防部信息技术的未来，也是2020联合部队成功遂行全球一体化作战的根本。JIE的建设已成为美军当前及未来发展的重中之重。

JIE通过对国防部信息网络和系统的构建、运维和防御方式进行重组、重构、整合和标准化，提供一种安全、可靠、敏捷、涵盖全国防部范围的信息环境。JIE建成后，将会成为像水、电那样可供用户随时随地按需使用的公用资源，确保美军指挥官、文职官员、作战人员、联盟伙伴以及其他非任务伙伴能够在全谱行动中访问所需的信息和数据，进而实现全谱主宰优势。

二、主要内容

在过去一年的审查评估工作中,GAO 归纳总结了国防部在 JIE 建设过程中存在的涵盖范围、成本估算、进度计划、人才规划方面的一系列问题,并提出了相应的整改建议。

(一)存在的问题

一是涵盖范围不清。虽然国防部对 JIE 进行了顶层设计,但并没有明确划清其涵盖范围。在 2013 年 JIE 建设计划中包含软件应用合理化、桌面虚拟化两项任务,但在 2015 年国防部工作简报中并未明确体现。此外,国防部对于 JIE 其他组成要素也存在着不统一现象,如表 2 所列。

表 2　国防部不同信息来源中的联合信息环境要素

2013 年 9 月 JIE 实施战略	2015 年 3 月 国防部首席信息官对 国会人员的介绍	2015 年 7 月 国防部首席信息官 助理给 GAO 的简报
单一安全体系架构	网络空间安全体系架构	网络空间安全体系架构
标准联邦网络	网络现代化	网络现代化
身份和接入管理	身份和接入管理	身份和接入管理
企业服务	企业服务	企业服务
软件应用合理化和服务虚拟化		
桌面虚拟化和瘦客户端环境		
移动性服务	移动性	移动性
云计算	云计算	云计算
	任务伙伴环境	任务伙伴环境
	企业运行	企业运行
		计算环境
		战略采购

二是缺少总成本估算。早在2013年,国防部就在其报告中表示,由于JIE情况复杂,总成本难以估算,但提出了对总成本进行评估的计划。目前,该评估计划进展缓慢,截至2016年3月,国防部评估计划配套政策、程序的更新尚未完成,JIE各组成部分的成本概算也尚未确立。此外,国防部对于相关工作并未制定确切的时间节点,致使JIE总成本估算完成仍遥遥无期。

三是联合区域安全栈(JRSS)预算缺乏可信性。JRSS是目前JIE建设的重点工作。在2013—2016财年已花费9亿美元。根据2015年9月最新成本估算,预计JRSS在2017—2021财年将花费17亿美元。目前,JRSS已完成1.5版的开发研制工作,正进行相关列装工作。但在JRSS2.0版功能需求并未最终确定,且国防部项目评价办公室并未按照要求进行成本估算验证的情况下,未来4年的预算增长了近一倍,可信性存疑。

四是进度计划不可靠。JIE和JRSS的综合主进度计划都存在不符合要求的现象。JIE综合主进度计划中未包含安全评估、未明确相关部门履行职责所需配套资源、未执行进度计划风险分析、未确认完成里程碑节点的关键路径。JRSS综合主进度计划中未包含与网络空间态势感知和分析能力相关的活动、未反映完成任务所需的资源、未执行进度计划风险分析、未确认完成里程碑节点的关键路径。

五是人才战略规划不完整。首先,国防部网络空间人才需求框架尚未定稿,JIE相关工种及其所需具备的知识和技能仍未确定。其次,国防部尚未分析目前JIE工作人员与其所需具备的知识技能之间的差距。再者,国防部虽然在2013年制定了《网络空间人才战略》,但并未制定相关实施细则,来弥补现有工作人员能力的不足。

(二)整改建议

为解决国防部在JIE建设存在的问题,GAO提出以下几点建议:

一是明确JIE涵盖范围(要经相关机构认证、执行委员会批准),尽量详细,同时建立起管理、存档和协调 JIE 范围的执行计划;二是根据相关政策、指南,以及法律要求,加速进行 JIE、JRSS 成本估算工作,同时要确保其可信性;三是根据相关政策、指南,以及法律要求制定 JIE、JRSS 进度管理方案和计划;四是制定指导 JIE 安全评估工作的规划,并明确执行该规划所需的配套资源和相关责任机构;五是完成人才战略规划的评估工作,确定 JIE 所需工作人员的数量与所需具备的知识技能。

三、几点认识

深入分析该评估报告,结合已掌握的现实情况,不难看出,JIE 作为美军信息技术现代化的顶层框架,在推进过程中遇到了诸多管理方面的问题。

(一)信息技术快速发展,增加 JIE 涵盖范围定义难度

近年来,信息技术始终处于快速发展态势。云计算、大数据、移动互联等一大批新兴信息技术不断涌现,为国防信息基础设施提供效率提升途径的同时,也为其建设管理提出了新的挑战。2013 年,美国国防部在 JIE 组成要素中提出的单一安全体系架构、标准联邦网络,到 2015 年就转化为网络空间安全体系架构、网络现代化。两年时间,信息技术理念的发展导致了 JIE 两大基本组成要素的转变,这给明确涵盖范围带来了很大困难。由此可以看出,信息技术的快速发展导致 JIE 的技术理念也在不断变化,使得国防部一直没有划清 JIE 涵盖范围。

(二)美国国防部信息环境庞大复杂,致使 JIE 建设总成本难以准确估算

早在 2013 年,美国国防部就提出了 JIE 建设总成本估算计划,但该计划并未顺利执行。直至 2016 年,仍未启动。究其原因,根本在于国

防部信息环境复杂而庞大。国防部信息环境上连接着 15000 个网络、10000 个操作系统、65000 个服务器、700 万台计算机,以及其他电子设备,是全球最大的军用信息环境。JIE 建设就是对如此庞大而复杂的信息环境进行改造,任务艰巨。与此同时,成本估算还涉及效费比问题。因此,JIE 建设总成本难以准确估算。

(三)里程碑节点关键路径未确认和人才战略缺乏实施细则,给 JIE 建设带来风险

虽然目前 JIE 和 JRSS 综合主进度计划都没有确认达到里程碑的关键路径,但项目仍在按照原计划顺利执行。这给 JIE 的未来建设埋下了一定的风险隐患,有可能发生因为路径不清晰带来的"拖涨降"问题。同时,人才战略缺乏实施细则,导致人才缺口尚未完整统计、培训计划尚未制定。随着项目的不断推进,所需人才的缺失可能会造成项目整体的延误。

专题三:DARPA 研究利用全量子模型改进光子检测技术

2016 年 1 月 21 日,美国国防高级研究计划局(DARPA)国防科学办公室发布广泛机构公告,面向产业界征集对"光子检测基本限制"项目研究的建议。

一、研究背景

光子是光的基本结构单元,光子探测器利用光电效应,通过电子直接吸收光子的能量,使电子的运动状态发生变化,进而产生电信号。光子探测在各种民用和军事应用领域发挥着关键作用,包括光或激光探测和测距、摄影、天文学、量子信息处理、医学成像、显微镜和通信等。但目前,即使是最先进的光子探测器也存在着性能缺陷,限制了其有效性。

现有的主要光子探测器,如半导体探测器、超导探测器和生物探测器在定时抖动、暗计数、最大速率、带宽、效率、光子数分辨率、工作温度和像素(array size)8 个关键技术指标方面各有优势和劣势,还没有同时在 8 个指标上都具备优势的探测器。

数十年来,光子探测器理论很少出现重大进展,依然采用几十年前的电流模型,无法从理论上找到限制光子探测性能的原因。通常,1 微米^{3}的常规光子探测材料拥有超过 1 兆个原子,入射光将与这些原子同时进行相互作用,情况十分复杂,必须采用量子力学建模来模拟原子云,从理论上确认光子的存在。但如此大规模的模拟到目前为止还无法实现。

量子信息科学的最新研究进展,使有效模拟更大的量子系统成为可能,有望得出光子探测器更详细的物理理论,创造一个新的、全量子的通用模型,确立光子探测器性能的第一性原理极限,并在不同的技术平台上实现最优化的光子探测器设计。

二、主要研究内容

"光子检测基本限制"项目拟通过在超导探测器、半导体探测器、仿生探测器以及上述三者结合的探测器等多个平台上,开发光子检测的全量子模型,并进行验证试验,确立光子探测器性能限制的基本原理。该项目旨在研发出下一代探测器的设计原型,其所有关键指标同时超过当前探测器至少一个数量级;或者从理论上定量确定单个光子识别精度,以及光子探测器所能达到的最佳性能。

主要研究内容包括:①基础研究,开发和验证新型光子探测模型;②研究尚未被验证的关键技术;③研究新型或混合型探测器(不属于超导体、半导体或生物探测器)技术;④清晰和定量理论论证,说明探测器的关键指标最终无法同时实现的原因,并指明技术折中后可以实现的最佳性能。

三、关键技术

该项目的关键技术包含两类:一是多种探测器技术的理论模拟;二是使用概念验证型装置对这些模型进行验证。不同探测器研究的关键技术为:

(1)超导探测器:研究可以探测和/或分辨所吸收光子的能量,且工作温度在超导临界温度下的器件。

(2)半导体探测器:研究目前最常用的电子学光子探测器;半导体材料吸收光子产生电子–空穴对,然后将其放大生成信号。

(3)生物探测器:研究最常见的生物光子探测器(如人类眼睛);生物学探测器、仿生学的探测器,或基于两者的探测器。

（4）混合/其他探测器：研究具有革命性进步的新型探测器设计；鼓励研究混合设计（结合以上两种或更多技术类型，或结合其他现有的和最新设计技术）或全新技术平台。

上述主要探测器最终要达到的性能指标如表3所列。

表3 主要探测器最终要达到的性能指标

关键指标	超导探测器	半导体探测器	生物探测器
定时抖动	<100 飞秒	<100 飞秒	<100 秒
暗计数	<1 天	<1 秒	<1 分钟
最大速率	>1 吉赫	>1 吉赫	>10 千赫
带宽	紫外光、可见光、近红外、中波红外	紫外光、可见光、近红外、中波红外	可见光、近红外光
效率	>98%	>25%	>99%
光子数分辨率	>100 个	>10 个	>1000 个
工作温度	-196℃	室温	室温
像素	$>10^3$ pixel	$>10^6$ pixel	$>10^9$ pixel

四、应用前景

该项目研发的光子探测器利用量子物理技术，与传统探测器相比，其性能可以提高1~2个数量级，甚至能准确检测和识别每一个光子，确定每个检测信号的真实性和准确性，实现对极微弱目标信号的探测。这种新型光子探测器有望在生物光子学、医学影像、非破坏性材料检查、国土安全与监视、军事视觉与导航、量子成像以及加密系统等方面取得广泛应用。例如：可将现有的机载光电探测距离从几十千米提高到几千千米，带来机载目标探测系统的革命；大幅提高光谱测量的灵敏度和精确性，实现对微量物质成分的光谱分析，使化学成分检测和安全检查等系统达到超高灵敏度；实现对生物发光的有效探测，有效推动现代医学对于脑功能和基因工程的研究；显著提高光纤传感的灵敏度和监控长度，对输油管道和海底光缆的安全监控、大型建筑的火灾报警、海岸线或边境安全等领域具有重大意义。

专题四:美国武器装备软件问题及对策分析

美国发布新版关于国防采办系统运行的国防部指令 Do-DI5000.02,在其中明确了与软件密切相关的3类武器采办项目的采办流程。该措施有助于降低武器系统软件采购成本超支、进度拖延等各种风险。纵观美国武器装备软件发展历程,发展过程中虽然面临各种问题与风险,但美国均积极采取措施予以应对,具有积极的借鉴意义。

一、软件对武器装备发展的影响

现代化武器装备基本都是软件密集型系统(SIS),软件对这类装备与系统的发展影响巨大。软件密集型系统的大部分功能需要通过软件实现,其任务的成功遂行也有赖于软件的正确运行。软件密集型系统的开发周期、开发成本、开发风险等均与软件密切相关。软件在武器装备中的大量使用提高了装备的自动化水平,改善了人机关系,也使武器装备的性能与作战效能大幅提升,成为了现代化武器装备性能与作战效能"倍增器"。

(一)软件是现代化武器系统性能提升的重要途径

硬件改造和软件升级均可提升装备系统性能,相比硬件的替换,软件升级已成为提高主战装备性能的一种易操作、低风险、高效费比的方法,而且不受物理学极限的影响。例如,已接近现代空气动力学改进极限的战斗机,可通过软件的升级或改造提升性能和作战能力;通过GPS

制导的联合直接攻击弹药、激光制导弹药、AIM-9X等智能武器需要持续不断的软件升级才能保持其智能化。

（二）软件是现代化武器系统实现其功能及有效遂行任务的关键

目前，软件越来越成为武器系统实现其功能和成功遂行任务的必要条件。美国国防科学委员会2009年发布报告称，"20世纪70年代，武器系统约有20%的功能依靠软件实现，到20世纪末这一比例已提升至80%，如今已达90%甚至更高"。以F/A-22"猛禽"战斗机为例，其航空电子软件控制了飞机上80%的功能，这些软件给"猛禽"性能带来了质的飞跃。除了帮助武器系统实现其功能外，软件也是现代化武器系统有效遂行各种任务的关键，决定着武器系统能否准确执行相关指令并达到预期作战效能。

二、制约武器装备发展的主要软件问题

美国武器装备软件发展水平世界领先，但其发展并非一帆风顺。由软件质量与可靠性问题所引发的装备达不到预期功能或装备失效的案例很多，由软件问题而导致的武器系统研发项目预算严重超支甚至中途下马的事件也屡见不鲜。此外，受软件规模越来越大、复杂程度越来越高、非开发性软件（NDS）广泛采用等多因素的影响，近年来美国武器系统所面临的软件安全风险也越来越突出。

（一）武器装备软件质量与可靠性问题频现

美国武器装备软件在发展过程中曾多次出现质量与可靠性问题。例如，海湾战争期间，美国交付伊拉克使用的"爱国者"导弹于1991年2月25日发生故障，不仅没有成功跟踪并拦截"飞毛腿"导弹，反而打入军营，致使28名士兵死亡，98名士兵受伤。事后的事故调查表明，

"爱国者"导弹雷达与跟踪软件缺陷是造成拦截任务失败的主要原因。再如,F/A-22"猛禽"战斗机就因飞行控制软件可靠性不高而发生多次坠毁事故。2004年9月28日,一架F/A-22"猛禽"战斗机在空战演习中坠落,同年12月20日,美国空军某测试评估大队的一架F/A-22战机在内利斯空军基地坠毁。事后调查显示,两起"猛禽"坠毁事件均为飞行控制软件可靠性不高所导致。美国国防部指出,每架F/A-22战机约有400万代码行,一个代码行出现故障,计算机可能就会无法操作而导致装备失效。此外,2014年夏季,美国陆军因软件故障停止了分布式通用地面系统-陆军(DCGS-A)的主要训练;2015年3月,软件故障导致美编队飞行的F-35战机侦察目标出错。

(二)复杂的软件开发工作导致装备采办项目成本增加、周期延长,有的项目甚至被取消

20世纪50年代,软件伴随着电子计算机的诞生而出现,但最初仅是少量应用于国防用途,并未应用于武器装备。20世纪60年代以后,随着计算机硬件的小型化与大量应用,软件开始大量应用于武器装备。目前,软件已成为各类武器装备的重要组成部分,且武器装备中的软件规模(以武器系统中可执行的软件代码行数表示)有进一步扩大的趋势。

软件规模越来越大导致软件开发工作越来越复杂。美国多个武器研发项目因软件问题而导致成本增加、项目延期,甚至失败取消。2008年3月,美国政府问责局(GAO)就曾发布报告称,美国陆军"未来作战系统"(FCS)很可能会因软件设计问题而失败。2009年5月,时任美国国防部采办、技术与后勤副部长阿什顿·卡特签署了关于FCS采办决策的备忘录,正式停止FCS的研发工作。错误的软件规模估计和复杂的软件开发工作使FCS面临严重的预算超支和项目延期,成为FCS采办项目失败的主要原因之一。此外,2014年3月,GAO发布报告称,F-35关键软件飞行测试的延迟将影响某些作战能力的交付。

(三)武器装备软件面临潜在安全风险

受软件规模大、复杂程度高,以及非开发性软件大量使用等多重因素影响,美国武器装备软件安全风险加大。2009年3月,美国国防科学委员会在《国防部信息技术采办政策与流程》中指出,随着国防系统中软件规模及复杂程度的不断提高,软件漏洞、软件病毒及软件所遭遇的攻击次数均呈现上升趋势。其中,病毒数量已经从1998年的20000余种增加到2008年的100余万种,敌对势力每周对国防部软件的攻击次数也从50次迅速增加至5000余次,且攻击的深度及复杂程度不断提升。此外,非开发性软件的广泛采用,使军方对供应商资信的了解难度及对软件的测试难度加大,从而加大了软件安全风险。

三、主要问题的原因分析及对策

(一)原因分析

美国武器装备软件之所以面临多种问题与风险,主要原因可归结如下:一是制定计划时不切实际,期望通过开发复杂的软件密集型系统来实现"前所未有"的能力。二是软件功能需求不断变化。完备、稳定、详细的需求是决定软件开发成功与否的前提。但是,武器系统功能的早期需求往往不完全、不具体,导致软件需求也要做出相应的调整。然而,任何需求上的变化,都要调整预算与周期。软件变更的成本,在很多情况下,即使是去掉某部分功能需求,也会带来一定的成本增加。三是缺乏有效的软件过程管理。对于已经出现的软件风险没有彻底查明和进行有效管理等,也是导致软件问题与风险频现的重要原因。

(二)解决对策

1. 推行软件能力成熟度模型,强化软件过程管理

软件能力成熟度(CMM)模型是在美国国防部的支持下,由卡内基梅隆大学软件工程研究所(SEI)开发的用于评估软件开发主体软件过程管理的模型,最终目的在于提高软件质量和可靠性,控制软件成本。软件能力成熟度共分为5个等级,分别为初始级、可重复级、定义级、管理级和优化级。美国国防部将软件能力成熟度作为评选武器装备软件承包商的依据,规定凡承担重大武器系统或重要信息系统软件的承包商,其软件成熟等级必须达到CMM3级,即软件开发商具备文档化、标准化的软件过程管理,且软件过程管理已融入软件开发与维护过程。国防部推行软件能力成熟度评价,从加强承包商软件过程管理的角度提高了软件质量与可靠性。

2. 明确采办流程,降低各类软件密集型系统的采办风险

过去,武器系统多以硬件为主导,美国国防采办流程也主要基于硬件的特点予以制定。随着信息技术及软件在武器装备中的广泛应用,基于硬件的武器装备采办模型已无法适应所有装备的采办要求,信息技术和软件密集型系统的采办问题频出,项目延期与成本超支严重。之后,美国开始重视对国防采办系统的改革,并逐渐明确了信息技术及各类软件密集型系统的采办流程。2003财年《国家国防授权法案》第804章明确提出要"改善软件采办流程";2008年,美国空军出台《武器装备软件管理手册》,成为美国空军软件密集型武器系统采办与维护的重要指南;2009年,美国国防科学委员会开展了关于信息技术采办的相关研究工作,并于2009年发布《国防部信息技术采办政策与流程》研究报告,为政府机构改善信息技术采办流程提供建议。

经过10余年的研究与改革,2015年1月,美国在其发布的新版关于国防采办系统运行的国防部指令DoDI5000.02中明确了与软件密切相关的3类武器采办项目的采办流程,包括国防单一软件密集型项目、增量部署的软件密集型项目,以及软件主导的软硬件混合型项目。相比硬件密集型系统的采办,软件密集型系统采办突出的特点是在工程与制造开发阶段,开发不断升级的多个软件版本。

3. 管理与技术手段相结合,保障武器装备软件安全

美国国防部指出,保护武器装备软件和自动化信息系统软件免遭恶意攻击和软件安全已经成为国防部的重点关注领域。首先,不断完善政策体系,为保障武器装备软件安全提供政策依据。2000年以来,美国国防部及各军种出台了多项战略与政策、签署了多个备忘录、发布了多个国防部指令及各军种规章,从武器装备软件开发商选择、武器装备软件开发流程、武器装备软件的支持与维护等角度,为保障软件安全提供政策依据,也为相关机构制定保障软件安全的政策措施提供建议。其次,明确软件安全需求,以采办合同进行约束。美国国防部要求国防采办项目管理者,要与软件保障专家、采办人员及其他相关人员对软件安全需求予以明确,并将软件安全需求列入武器系统采办合同。再次,对军用软件开发商进行资信评级,加大对软件开发人员及机构的监控力度。美国国防部在《国防采办法案增补条例》中要求,采办武器装备软件时要对开发商的资信情况进行评级,要求主承包商说明是否有海外人员参与到了软件开发过程之中,以及参与的方式;所雇佣的海外开发人员应当具备相应等级的安全许可证,并且在有认证或官方许可的环境下进行软件开发。最后,启动可信软件项目,利用技术手段保障软件安全。2011年,美国国防高级研究计划局耗资50亿美元启动"可信软件项目(Trusted Software)",旨在开发相关技术,提高对国防部软件的无效性、设计错误及冗余代码的诊断能力,以保障国防部软件安全。

4. 开展独立于软件开发商的成本估计,降低软件开发成本

客观、科学且独立于武器装备软件开发商的成本估计对于降低软件开发成本而言是十分必要的。为此,2008年9月,美国海军成本分析中心、空军成本分析局联合发布了《软件开发成本估计手册(第1版)》(以下简称《手册》),旨在为武器装备软件成本估算提供依据和行之有效的方法。《手册》提出,进行软件成本估计所需考虑的主要因素有4个,分别为软件有效规模、软件产品的复杂性、软件开发环境以及软件产品的特性。《手册》还将软件开发成本估算主要分为系统级估算和组件级估算。前者一般是用于软件开发的早期阶段,后者通常是用在有软件需求说明书(SRS)和界面控制文件(ICD)定义软件组件之后。

综合上述情况看,美军武器装备软件发展至今遇到了多种问题与挑战,一定程度上制约了软件密集型系统的发展。对于这一问题,美军采取的应对措施可总结如下:一是重视武器装备软件能力建设,提升软件设计与开发能力,这是避免出现各种软件问题的基础。二是全面调查研究武器装备软件问题,制定针对性政策措施。如美国国防部、各军种、智库等均从不同角度开展了很多调查研究,基于此制定出解决问题的针对性政策措施或提出解决问题的建议。三是对非开发性软件的开发和使用进行规范与指导。随着非开发性软件的广泛应用,美军制定了一系列政策,既能保障软件安全,又不影响非开发性软件的使用。美军的上述做法,保证了武器系统软件的正常开发和软件密集型系统研发的持续推进,具有一定的借鉴意义。

专题五:DARPA 寻求表征机器学习基本边界的数学理论框架

2016年5月12日,美国国防高级研究计划局国防科学办公室发布"机器学习基本边界"(Fun LoL)计划跨信息需求书(RFI),寻求一种研究和表征"机器学习"技术基本边界的数学理论框架。该计划旨在利用该数学框架、体系和方法来实现"机器学习"技术领域的突破,提高"机器学习"的效率,促进人机系统的发展。

一、项目背景

"机器学习"是人工智能的核心,是复杂的智能活动。机器学习和人工智能的优势在游戏中能够打败人类冠军,例如在3月谷歌公司AlphaGo大战世界围棋冠军李世石。但是机器学习缺乏的是一个基础的理论框架,用以理解数据、任务、来源和性能指标之间的关系,这些因素能使我们更高效地教授机器任务,并允许机器将现有的知识归纳总结应用到新的环境中。DARPA将利用Fun LoL计划解决如何用系统性的原则来探究能够衡量和记录的机器学习边界。通常在预防复杂威胁时,需要机器具备快速适应和学习能力,而当前"机器学习"技术通常依赖于大量的训练数据、庞大的计算资源、极度费时的试验及误差算法,并且程序通用性较差。在解决特定问题时,很难确定"机器学习"基本边界及其边界性能,例如无法确定某学习方法的效率以及实际性能和理论性能的差距,这将导致机器不能利用已学习的内容解决相关问题或学习更复杂的概念。目前的机器学习,即使任务中一个小小的变化,通常也需要计划程序员建立一个彻底全新的机器教学程序。这对于国防部门来说是极其紧迫的,国防部门的专业系统通常不会拥有大量的训练集合来支持从头开始,而且不能承担成本极高的依赖试验和误差的方法。此外,防御复杂威胁需要机器快速适应和学习,因此从先前学习过的概念中创造性地归纳非常重要。

为使机器能够更高效地学习,并将现有知识归纳总结应用到新环境,使"机器学习"的边界能够以通用的原则来衡量和记录,DARPA发布了Fun LoL计划。

二、项目内容

该计划的目标是确立一种研究和表征"机器学习"基本边界的数学理论框架,以提高"机器学习"系统的效率,降低"机器学习"成本,主要包括通用理论和理论应用两个研究领域,并将从"机器学习"数学理论框架的开发、验证和应用来进行研究。DARPA鼓励多学科团队和专家来解决这些问题,涉及的技术领域包括信息理论、计算机科学理论、统计学、控制理论、机器学习、人工智能以及认知科学。Fun LoL计划将会确保评估设计的学习系统性能,指导实现相关能力界限的实践。该计划将从基本通用理论和理论应用两个方面来开发、验证和应用机器学习的数学理论框架。

DARPA鼓励多学科团队和专家来解决这些问题,涉及的技术领域包括信息理论、计算机科学理论、统计学、控制理论、机器学习、人工智能以及认知科学。Fun LoL计划将会确保评估设计的学习系统性能,指导实现相关能力界限的实践。该计划将从基本通用理论和理论应用两个方面来开发、验证和应用机器学习的数学理论框架。

(1) 基本通用理论方面。建立一个独立于任何特定机器学习方法的通用的数学框架体系,为机器学习提供可量化和可总结的指标来归纳监督、无监督和加强学习设定下的基本界限,该数学框架应包括:数据类型、质量和数据中获得信号的相关性（如标签、距离/相似度、回馈）；结构、复杂度、目标任务的可观察性/概念空间；任务性能指标（精度、速度、计算复杂度、样本复杂度）及其内在相互作用和综合标准。

（2）理论应用方面。为了表征当前技术的能力或者性能，构建通用于现有机器学习方法的数学框架应用应包括以下类别：从实例的输入/输出中有监督的学习（如深度神经网络、决策树、支持向量机、随机森林等）；仅从输入数据中的无监督学习（如聚类、主体模型、主成分分析、社区发现等）；从奖励/惩罚信号中的强化（策略）学习（如Q-学习、直接策略研究等）。在这些研究领域，还应该考虑：综合上述类别算法的方法/体系的性能界限是什么；这些算法优化或临界性能界限是什么类别。

在计划寻求信息中，将用数学的框架、体系和方法来解决以下问题：

（1）为了达到一定精度的性能所需训练实例的数量；

（2）重要的综合标准及影响因素（如大小、性能精度、处理能力等）；

（3）解决既定问题的既定算法的效率；

（4）某一学习算法预期达到的性能和在限定条件下能够达到的性能之间的差距；

（5）训练数据中噪声和误差的影响；

（6）模型生成的数据统计结构、任何原有的知识、本质概念或者学习过的任务产生的潜在收益。

三、影响意义

Fun LoL 计划的实施将能够为"机器学习"的基本边界提供通用的基础数学理论框架，有助于评估机器学习系统的性能，并指导实现相关边界能力的实践，从而保证机器快速适应新环境，大幅提高"机器学习"效率，为美国国防部快速抵御外部威胁提供保障，使"机器学习"和人工智能领域实现革命性的变革。

专题六：美国新一代空间目标监视雷达完成接收阵列建造

美国 C^4ISR 网站 2016 年 4 月 8 日报道，美国通用动力公司已完成"电磁篱笆"雷达接收阵列的建造工作。该接收阵列长约 54 米，高 12 米，重 63.5 吨，其大小与 2 个常规篮球场相当，可抵御地震、飓风、极端温度湿度等恶劣气候条件。

该雷达是美国新一代空间目标监视体系中的骨干装备，首部将部署于马绍尔群岛夸贾林环礁，预计在 2019 年服役，2022 年实现完全作战能力。当雷达与其他网络传感器联网时，其系统性能比当前的空间监视能力提高 5 倍。

一、美国空间监视网（SSN）

空间目标监视雷达是各国努力实现空间态势实时感知能力的核心手段，也是战略预警能力的重要组成部分。目前，国外最为完善的空间目标监视系统主要有美国的空间监视网络（SSN）和俄罗斯的空间监视系统（SSS），具备对空间在轨目标的自主维护更新能力。欧洲拥有一些可担任空间目标跟踪和成像任务的监视设备，并正在打造完整的欧洲本土空间监视体系。

美国空间监视网是全球最完善的空间监视体系，由地基空间探测和跟踪系统、天基空间监视系统组成，包括部署在全球的 30 多套雷达和光电探测设备以及通信网络和控制中心。其雷达频率从 VHF、UHF 逐渐增至更高频段，如 L、C 和 X、W，用以观测更小尺寸的目标。

目前，美国拥有编目管理大部分空间目标的能力，其空间监视网目前编目管理的目标达18000多个，可探测轨道低于6400千米、直径大于1厘米的目标，可精确跟踪、定位该高度范围10厘米以上的目标，一般每天更新一次观测数据，可探测地球同步轨道直径大于10厘米的目标，可精确跟踪、定位该轨道高度30厘米以上的目标，一般4～7天更新一次观测数据。

根据美国航天司令部长期规划（2020设想），美国空间监视网在2020年前后可准确定位、跟踪低地轨道上1厘米大小、地球同步轨道上10厘米大小的空间目标，低地轨道空间目标的定位精度有望优于10米，地球同步轨道空间目标的定位精度有望优于100米，空间监视系统的应急响应能力将进一步提升，将能近实时监视感兴趣目标。

为应对不断增加的空间态势感知需求，美国一方面升级改造现有重点地基空间监视传感器，另一方面新研一批作用距离更远、分辨率更高以及对小目标观测能力更强的监视设备，构建联合信息处理和控制中心。

目前，美国现有地基空间监视网骨干装备已在2015年前陆续完成升级和现代化改造。例如，美国FPS-85相控阵雷达和"干草垛"雷达已完成升级改造。其中，"干草垛"超宽带卫星成像雷达（HUSIR）可同时工作于X、W波段，X波段具备1吉赫宽带成像能力，主要用于近地和深空目标成像；增加的带宽4吉赫～8吉赫的W波段，主要用于近地轨道目标的精细成像，可提高属性和意图判别能力。该雷达的升级成功，使当前地基空间监视雷达的逆合成孔径雷达成像分辨率提高一个量级。

在新研装备方面，美国已于2013年关闭"空军空间监视系统"（AFSSS），研制新一代"空间篱笆"系统，除部署在太平洋南部外，还将在南半球澳大利亚部署，大幅拉长"空间篱笆"警戒线，并结合光学、雷达等天地一体化空间监视网络，逐步缩小空间监视覆盖盲区。

二、新一代"空间篱笆"系统

为了进行例行观测,美国空间监视网采用了可用型、兼用型和专用型三类传感器。其中,专用型传感器包括 FPS-85 相控阵雷达、空军空间监视系统(AFSSS)等,后者也被称为第一代"空间篱笆"系统。

"空军空间监视系统"(AFSSS)一直是美国空间监视网的关键组成部分,建造于 1961 年,工作于 VHF 波段,共有 9 个站点,沿北纬 33°线部署,包括 3 个发射站和 6 个接收站。该系统可保证对轨道倾角约 30°~150°空间范围内的目标进行搜索,监视 30000 千米高轨道、类似篮球大小的目标,并精确判定其特征、位置和运动情况。覆盖经度范围从非洲直至夏威夷,每月可万次超过 500 万次空间目标观测记录。在探测新出现的空间目标及碎片方面发挥着主导作用,对美国空间司令部编目数据库的贡献约占其总数的 60%。

不过,第一代"空间篱笆"系统只能在空间目标穿过波束时才能被探测到,如果目标在其他时间变轨,就可能出现探测空白,且对一般空间目标的重复监视间隔长达 5 天,远远不能满足美军的需求。此外,该系统中的深空探测雷达数量不足、性能也不高,使得美空军对深空目标的探测能力存在很大缺陷。针对这些情况,美空军提出研制第二代"空间篱笆"的计划。

2013 年 10 月 1 日,第一代"空间篱笆"系统正式关闭。

三、第二代"空间篱笆"系统

2009 年,第二代"空间篱笆"研制计划正式启动,洛克希德·马丁公司、诺斯罗普·格鲁曼公司、雷声公司等三家公司参加竞标,最终洛克希德·马丁公司在 2014 年赢得合同。

与第一代 VHF 波段系统相比,第二代"空间篱笆"系统工作在频率更高的S波段(约3.5吉赫)。更高的频率可提供更好的精度和分辨率,将使系统的目标跟踪能力从篮球大小提高到高尔夫球大小的量级,这种对微卫星和碎片的探测能力是第一代系统所不具备的。

与第一代采用几千米超大天线阵列相比,第二代系统采用超大型、双基地固态两维相扫雷达,发射阵面天线直径约30米,发射总功率约4兆瓦,对1米^{2}大小的空间目标探测距离可达11000千米,测角精度优于0.019°。此外,与传统相控阵雷达依靠移相器、衰减器和微波合成网络实现波束空间扫描不同,该雷达将采用全数字化体制,发射波形产生和接收信号处理过程实现全数字化,每个通道的发射/接收波形可单独可控,波束形成快速、灵活、准确,覆盖空域更广,探测精度更高,抗干扰能力也更强。

新一代"太空篱笆"可探测250~3000千米至18500~22000千米的低/中地球轨道上的近10万个空间目标,每天可完成150万次轨道目标探测、跟踪与编目任务,可探测1900千米轨道高度、未经提示的棒球大小目标。

此外,第二代"空间篱笆"系统的项目总经费约35亿美元,所需雷达站点数将减少至2~3个。2014年开建的第一部雷达位于太平洋夏威夷群岛的夸贾林环礁,预计在2018年秋服役。第二部则可能部署在澳大利亚,实现对南半球目标的覆盖,预计在2022年服役。

四、影响分析

随着对空间态势感知能力的重视,军事强国开始陆续建造新一代空间目标监视系统,如欧洲正在完成演示样机测试,俄罗斯计划在2020年前建设新一代空间目标监视体系。与此相比,美国已完成演示样机的论证、研制与测试,2014年正式进入工程化阶段,将在2019年实现初始作战能力。新一代"空间篱笆"系统的建设具有多种意义:

（一）构建更完善的美军空间目标监视体系

"空间篱笆"建成后,将成为美军新一代"空间监视网"的核心成员,与"天基空间监视系统"和"空间监视望远镜"协同使用,可实现对近地轨道到深空轨道目标的立体式监视,完善美军建设的"1-4-3-4"空间目标监视体系。

（二）大幅提升空间目标监视能力

由于采用更高的工作频率、更先进的雷达技术,新一代"空间篱笆"系统的监视对象包括250~3000千米至18500~22000千米的低/中地球轨道目标,目标数量超过20万个,而第一代系统定位为普查类装备,仅能探测88%的低轨目标,目标总数仅为新一代的1/10。此外,第一代系统能够处理的最小目标为分米级（10厘米）,而新系统可跟踪的目标达到亚分米级,最小可达2厘米,因此目标分辨率提高了一个量级,可日益增多的小型太空垃圾纳入监控范围。

（三）协助完成弹道导弹防御任务

除了可提供强大的空间目标监视功能外,新一代"空间篱笆"系统还具备重要的战略预警能力,可及时捕获美国上空沿中低轨道飞行的弹道导弹,以精确的目标轨道、速度、方向等数据,验证反导系统获取的目标信息,从而辅助完成陆基中段反导系统和区域反导系统的决策。

专题七:美国认知电子战技术发展动向分析

认知电子战技术依托认知无线电和认知雷达技术发展而来,将自主学习技术和智能处理技术引入电子战领域,使之具备对抗认知通信和认知雷达等新威胁的能力,提高电子战智能化水平。2016年,美国认知电子战技术取得重大进展,认知通信对抗系统完成首次演示验证,认知雷达对抗系统完成原型机研制工作。

一、重大动向

(一)认知通信对抗完成首次演示验证,大幅缩短分析时间

2016年6月,美国国防高级研究计划局(DARPA)和洛克希德·马丁公司先进技术实验室成功演示了认知通信电子战系统。该系统通过机器学习实现动态对抗自适应通信威胁,将干扰先进通信所需分析时间从以前的几个月缩短至几分钟。此次演示主要展现了DARPA"行为学习自适应电子战"项目(BLADE)最终成果。

BLADE系统由洛克希德·马丁公司和雷声公司共同开发完成,总投资6900万美元,为期5年。该系统所应用的认知技术依赖认知引擎实现。该引擎包括自动信号分类模块、射频环境与行为分析模块、认知代理、动态知识库。其中,自动信号分类模块负责通过模型匹配、训练学习、训练评价等手段,将处理过的信号(已知信号、未知信号)进行自动分类。射频环境与行为分析模块利用信号分类结果描绘出射频环境全景图,辨别出目标(如自适应雷达、自适应无线电台等)并分析其工

作方式。认知代理负责各类认知功能的实现、协调、调度等功能,这些认知功能包括推理、学习、优化、策略生成等。动态知识库负责认知电子战系统如下"知识"(信号模型与类型数据、认知对象的行为模型与数据、干扰案例与优化策略模型与数据)的存储、读写、更改;此外,动态知识库还留有接口,可实现与其他认知电子战系统间的"知识共享"。

(二)认知雷达对抗取得阶段性进展,完成原型机研制

2016年初,DARPA"自适应雷达对抗"(ARC)项目完成第二阶段任务,研制出认知雷达对抗系统原型机。同时,美海军提出在2017年初将把ARC核心算法应用至EA-18G"咆哮者"电子战飞机。

ARC启动于2012年,总投资7000万美元,开发旨在对抗作战中所要面对的未知雷达威胁,重点应对采用捷变波束控制、波形更改以及先进编码和脉冲重复间隔完成多种功能的地空和空空雷达。ARC所研发的电子战能力,可基于敌方空中无线电信号对抗敌方自适应雷达系统,该能力可感知周围环境并自动调整实施干扰。该项目由科学应用国际公司、Vadum公司、Helios遥感系统公司、密歇根理工大学研究所、BAE系统公司电子系统分部、系统与技术研究公司合作开展,针对新型、未知且不确定的雷达信号,研制出可自动生成近实时有效对抗措施的系统,能够描述敌方雷达系统特征,实施电子干扰并评估干扰效能。按照项目设计,该系统还将具备网络化能力,部署后的ARC系统既能独立工作,又可组网实施分布式侦察干扰。按照计划,该项目将于2017年底完成。

二、发展动因分析

美国认知电子战技术快速发展,主要源自于美军战略战术需求以及认知技术的不断发展完善。

(一)美军战略战术需求

近年来,随着电磁频谱技术的发展,以自适应多功能雷达、认知无

线电台为代表的一大批新型军事电子装备相继出现,战场射频系统更加复杂灵活,对电子对抗技术提出了新的要求。为了保障战场作战信息优势,早在2006年,美军就提出了发展认知电子战技术,以对抗新型军事电子装备。

与此同时,美军经过多年酝酿,2014年发布了第三次"抵消战略",重点遏制"反介入/区域拒止"能力。该战略以"创新驱动"为核心,发展能够"改变未来战局"的颠覆性优势技术群。新形势下的电子战技术作为颠覆性优势技术群之一,备受关注。特别是认知电子战技术,引起业界广泛讨论。

(二)认知技术积累日趋完备

美国在认知科学技术方面,处于世界领先地位。认知科学起源于美国麻省理工学院,主要研究智能和智能系统。随着信息技术发展进步,1996年,美国国际商业机器公司"深蓝"计算机击败国际象棋世界冠军,初次展示智能系统具备认知学习能力。20年后,美国谷歌公司"阿尔法狗"击败围棋世界冠军,标志着智能系统迈上新台阶。

与此同时,美军也在逐步将认知技术引入电磁频率领域,与电子战相结合。早在2006年,美军就认为认知技术已具备应用基础,同时为了对抗认知通信与认知探测,提出认知电子战概念。2008年,美国国防部启动"下一代电子战"项目,开始对先进认知干扰技术、人工智能技术等认知电子战核心技术进行相关研究。2010年以后,美军相继启动"行为学习自适应电子战""自适应雷达对抗""极端射频频谱条件下通信""城市军刀""电子战技术"等多个项目进行研发工作,加速认知电子战技术发展。

三、未来影响

美国认知电子战技术取得了重大进步,将产生以下几方面的影响:

(一)进一步完善美军电子战装备体系

目前,美军已建立起了舰载、陆基、空基的电子战装备体系,可对抗常规雷达、电台等用频装备,但在应对敌方自适应通信装备和认知雷达等新型电子信息装备方面仍较为吃力。认知电子战技术可使电子战装备更加智能化,具备近实时、动态学习、经验积累能力,可适应复杂电磁环境进行精确信号态势感知,有效弥补原有装备在应对新型电子信息装备方面的不足,进一步完善美军电子战装备体系。

(二)电子攻击更加精准,极大增强系统的隐蔽性、抗毁性

由于对作战对象的态势感知深度、精度不够,传统电子战装备只能依靠大功率压制手段实现有效对抗。尽管对抗方式有效,但产生了许多问题,其中最为显著的就是干扰信号容易暴露并招致反辐射打击。美军认知电子战项目重点研发了组网技术,将使原本单机作战的电子战装备具备组网能力,可实现网络化的信号态势感知能力,更清晰地描绘出战场复杂电磁环境态势图,有利于实施更加精准的电子干扰——不仅是位置精确瞄准、频率精确覆盖、调制样式精确一致,甚至还可进行信号的模仿欺骗。这种情况下,干扰信号无需采用传统的大功率发射,将增强电子战装备的隐蔽性,抗毁性将得到提高。

(三)将对敌方构成新型威胁

未来,认知电子战技术成熟应用,将帮助突破某些传统瓶颈技术,提升美军电子战装备对新型通信、情报、监视与侦察等电子信息装备的干扰能力,大幅提升作战信息优势,削弱敌方"反介入/区域拒止"能力。特别是美海军已明确表示尽快应用认知电子战算法至 EA-18G"咆哮者"电子战飞机,对其军事战略形成有效支撑,将大大削弱敌方海战场侦察、通信能力,在亚太地区构成新型威胁。

专题八:国外高性能计算机发展动向分析

高性能计算机是指具有超强存储、计算和处理能力的超大型计算机系统,也被称为"超级计算机"。与普通计算机相比,其具有强大的计算能力,在国防工业、天气预报、基因测试、药物研发等方面有着广泛应用,是一个国家科技竞争力的象征,对国民经济、社会发展、国家安全有着举足轻重的作用和巨大意义。从2014年底至2015年中,日本、美国等均提出了各自的新一代高性能计算机发展计划,足见对高性能计算能力的重视。

一、发展现状

随着半导体制造技术的发展和光电传输技术的进步,CPU运算速度、内存带宽、数据传输效率不断得到提升,为高性能计算机运算速度突破每秒万万亿次创造了条件。2015年7月,"2015国际超级计算大会"召开,发布了全球高性能计算机500强排名,其中排名1~4位的高性能计算机分别是中国的"天河二号"、美国的"泰坦"及"红杉"、日本的"京",运算速度均超过了万万亿次/秒,如表4所列。

表4 万万亿次级别高性能计算机排名

排名	名称	实际运算速度/(万万亿次/秒)
1	中国"天河二号"	3.386
2	美国"泰坦"	1.76
3	美国"红杉"	1.71
4	日本"京"	1.05

当前,世界主要科技强国都非常重视高性能计算机的研发。依据这份榜单,可以对各国高性能计算能力发展现状有一个基本判断。

(一) 美国仍是头号高性能计算机强国

在世界高性能计算机 500 强排名中,美国有 231 部高性能计算机入围该榜单,且排名前 10 位的高性能计算机中美国有 5 台入围。可见,美国仍是公认的头号高性能计算机强国。

在该榜单中,排名第二的"泰坦"和排名第三的"红杉"计算机为美国高性能计算机的翘楚。"泰坦"高性能计算机由美国克雷公司研发,采用 NVIDIA 图形处理器和传统 16 核 AMD Opterons 处理器,共有 56 万个计算核心,实际运算速度达到 1.76 万万亿次/秒。"红杉"高性能计算机由美国 IBM 公司研发,采用 160 万个 IBM Power 内核处理器,实际运算速度达到 1.71 万万亿次/秒。

(二) 中国紧随美国之后位列第二梯队

在世界高性能计算机 500 强排名中,中国国防科技大学研制的"天河二号"高性能计算机系统再次蝉联冠军,同时有 61 部高性能计算机入围该榜单,牢牢占据第二位。"天河二号"的实际运算速度达到了 3.386 万万亿次/秒。

(三) 日本与欧洲排在第三梯队

在世界高性能计算机 500 强排名中,日本有 32 部计算机入围,位居第三,其后依次是法国 30 部、英国 30 部、德国 25 部。

其中,日本"京"计算机是继中国"天河二号"、美国"泰坦"和"红杉"之后唯一突破每秒万万亿次运算速度的高性能计算机。"京"高性能计算机由日本富士通公司设计制造,采用富士通 SPARC64 处理器,共有 54.8 万个计算内核,实际运算速度达到 1.05 万万亿次/秒。

（四）俄罗斯、韩国、印度和澳大利亚等尚处于初级阶段

在世界高性能计算机500强排名中,俄罗斯有9部计算机入围,其后是韩国、印度和澳大利亚等国。

作为世界军事强国的俄罗斯排名靠后是由于其起步较晚。6年前,俄罗斯才通过由时任俄总统梅德韦杰夫发表的战略信息技术领域重点研发超级计算技术的倡议,将高性能计算机技术研发提升至国家战略层面。经过5年的大力发展,2014年,莫斯科国立大学"A-CLASS"高性能计算机一举突破之前由"罗曼诺索夫"高性能计算机保持的排名42最好成绩,位列榜单第22位,取得了突破。但从整体上讲,在高性能计算机领域,俄罗斯仍处在初级阶段。

二、多国提出高性能计算发展计划

随着高科技武器装备及相关技术对计算需求的不断增长,世界科技强国都在不断提升高性能计算机能力,促进了高性能计算机运算速度越来越快。在下一代高性能计算机发展的筹划上,美国和日本走在了前列。

（一）美国政府出台"国家战略计算计划"

2015年7月,美国政府颁布"国家战略计算计划",提出了五大发展目标:一是加快百亿亿次计算系统的交付,从而将性能资源供应能力提升至美政府当前用于实现全部应用需求的万万亿次系统的100倍左右;二是提升支撑建模与模拟以及数据分析计算能力的各类基础技术间的连通性;三是建立未来15年高性能计算系统发展途径,找到突破现有半导体技术局限找到新途径(即"后摩尔定律时代");四是综合解决网络技术、工作流、向下伸缩、基础性算法与软件、可访问性以及劳动力发展等问题,从而提升长效性国家级高性能计算生态系统的资源容量与处理能力;五是形成公私合作机制,确保研究与开发所实现之效益

能够最大程度由美国政府、工业及学术界所共享。

该计划提出的在2025年前建成计算峰值百亿亿次/秒的高性能计算机,将是届时世界上运算最快的高性能计算机。

(二) 日本启动新一代高性能计算机研发计划

2014年10月,日本启动"京"后续计算机研发工作,投资11.4亿美元,由日本理化研究所与富士通公司合作完成。该高性能计算机将于2020年建成,设计运算峰值达每秒100亿亿次,是目前"天河二号"(设计运算峰值每秒5.5亿亿次)的18倍。

三、高性能计算机未来发展所面临的技术挑战

(一) 高性能计算机能耗问题备受关注

能耗一直是高性能计算机研发关注的重点。高能耗意味着高性能计算机在运行时产生较多热量,这对CPU散热形成一大挑战。当散热难度增大,缺乏更好的散热材料和技术时,CPU会因为过热而运行不稳定,容易发生坏损,影响整个高性能计算机运行的稳定性。

特别是近年来,对于计算节能的要求越来越高。新的高性能计算机设计建造中,更加关注计算的能效比。2011年建成的日本"京"高性能计算机因为采用了新的8核处理器和机柜散热结构,其运算速度比当时的"天河一号"提升了2倍,但功耗只增加了0.6倍。2012年建成的"红杉"高性能计算机使用了17核蓝色基因/Q中央处理器,其功率仅为7890千瓦,仅为"京"的一半多。通过蓝色基因/Q新型设计,IBM进一步提高了大规模并行高性能计算机能源效率。

旧式高性能计算机因能耗较高,不能满足节能性要求,逐步退役。2013年3月,世界上首台运算速度过千万亿次的高性能计算机"走鹃"正式退役。"走鹃"隶属于美国洛斯阿拉莫斯国家实验室,主要用于核

武器管理。在2012年11月份的测试中,"走鹃"能耗是新建造同等能力高性能计算机的2倍,因此美国能源署让其在尚未达到设计寿命的情况下提前退役。

(二) CPU是制约高性能计算机发展的瓶颈

CPU是高性能计算机的核心组件。随着CPU制造技术达到10纳米工艺,越来越接近理论极限值7纳米,其增长速度变缓成为必然,导致高性能计算机运算能力增长乏力。此外,由于CPU电路集成度越来越高,内部散热也成为影响高性能计算机运行稳定性的关键。

(三) 软件是高性能计算机应用多样化的根本

高性能计算机的应用多种多样,尤其在军事应用方面,包括武器装备设计制造、情报获取分析、战争设计与战场模拟、核试验模拟等,都离不开相应的软件。对于不同的应用领域,都有不同的软件确保高性能计算机在该领域发挥功效,因此,软件是高性能计算机军事应用多样化的根本。例如,临近空间飞行器负载模拟器软件是超燃冲压发动机设计的重要依靠,美国"棱镜计划"通过高性能计算机运行大数据软件对海量信息进行分析,高性能计算机模拟软件是进行亚临界核试验分析的有效工具,等等。

四、高性能计算机发展趋势分析

(一) 高性能计算机运算速度未来10年内将达每秒百亿亿次级别,但增长速率遭遇瓶颈

随着CPU制造技术达到10纳米工艺,摩尔定律已近应用极限,CPU性能提升变慢,导致高性能计算机运算速度增长速率遭遇瓶颈,从3年10倍的增长速率降至3年3~6倍。2008年美国"走鹃"运算速度

达到每秒千万亿次级别，2011年日本"京"运算速度达到每秒万万亿次级别，仅用3年时间就完成了运算速度10倍的增长。将于2017年建成的美国能源部全球最快高性能计算机Summit，设计运算峰值达15~30亿亿次每秒，是目前"天河二号"的3~6倍，将用3年时间才完成运算速度3~6倍的增长。6年后，将于2020年建成的日本新一代高性能计算机运算速度达100亿亿次每秒，将是Summit的3~6倍。

（二）芯片级散热和超导计算为降低能耗提供新思路

为增强高性能计算机运行的稳定性，降低能耗也是未来发展的重要方向。除系统设计采用更加有效的散热手段外，DARPA还启动了"芯片内/芯片间增强冷却"（ICECool）项目，研发新型CPU内部散热技术。

"芯片内/芯片间增强冷却"项目启动于2012年，通过该项目，DARPA已委托IBM研发CPU芯片内置液体冷却基本构件，采用芯片内和芯片间蒸发流体冷却技术，将热互联和蒸汽微流控制技术集成至芯片布局、衬底结构和封装设计中，缩小芯片冷却设备体积，增强芯片整体性能。按照计划，2016年，IBM将取得阶段性成果，实现CPU内置冷却。随后，DARPA将验证其在高性能计算方面应用的可行性。

伴随大型高性能计算机规模持续增大，目前的计算技术无法大幅提升计算能效比，而超导技术作为一种低功耗替代技术，具有许多潜在优势。从理论上来讲，超导计算机运算速度比现行电子计算机快100倍，而电能消耗仅是电子计算机的千分之一。2013年3月，美国情报先期研究计划局（IARPA）启动"低温计算复杂性"（C3）项目，开始研发超导计算机。该项目旨在利用超导计算和超导转换技术，以替代基于互补金属氧化物半导体转换设备和金属互连结构的计算系统。按照该计划，2018年C3项目将建造出超导计算机的小型工作原型机。但目前维持器件超导特性温度环境仍是需要克服的一大难题。

(三) 各国积极发展量子计算机,未来将取代传统高性能计算机

量子计算机具有重要的战略意义,与传统的电子计算机相比,它具有更高的理论运算能力、更小的体积以及更低的能耗,未来将取代传统高性能计算机,因此,西方发达国家重点投入研究量子计算机。2001年,DARPA设立了量子信息科学与技术项目;2004年,美国发布了量子信息科学与技术路线图,明确量子计算技术发展的主要步骤和时间表;2010年,俄罗斯成立国家量子研究中心;2014年,斯诺登曝光的"攻克难关项目"明确提出,美国计划利用量子计算提升监听和信息拦截能力,俄罗斯也研发出金刚石基量子计算机模型;2015年,英特尔公司投资5000万美元与荷兰QuTech研究所合作研发量子计算机相关技术。

虽然量子计算技术距离实际应用还比较遥远,但其强大的并行计算能力为军事领域应用展现出良好前景。量子计算可实现对侦察情报数据的实时分析和综合,可快速对情报系统截获的信号数量和类型进行判断,在查找重复或周期性图形方面功能很强,能提高军事信息系统的综合分析及决策能力,有助于对坦克、飞机等已知形状军事目标的搜寻和图像分析。未来,量子计算将有可能应用于大型作战平台、指挥通信中心及防空反导系统,取代传统高性能计算机。

(四) 军事应用引领未来高性能计算机发展

近年来,世界排名较前的高性能计算机,如"泰坦""红杉""米拉"等,都有着很深的国防和军事应用背景,梳理高性能计算机的军事应用,主要包括:

(1) 武器装备设计制造。现代武器装备,特别是科技含量高的武器装备,其设计制造过程都离不开高性能计算机,具体表现为:第一,高性能计算机能加快设计方案的形成;第二,高性能计算机能缩短试验验证时间;第三,高性能计算机能提升弹道估算精确度。

(2) 情报获取分析。随着现代战争向信息化方向发展,情报获取

和分析对高性能计算机的依赖程度日益加深。高性能计算机是破译密码的首选工具,同时也是处理海量数据的重要手段。在海量的侦察信息中,要及时获取有价值的情报并进行有效整合,凭人工方法无法想象,因此必须依赖高性能计算机,按照专门的数据处理流程进行建模分析,才能及时得到有价值的重要情报。

(3) 战争设计与战场模拟。在信息时代,无论是战争设计还是作战模拟,既要遵照战争规律和经验,依据综合国力和军事实力,也要考虑"天时、地利、人和"等各种因素,以统计学、运筹学、概率论、博弈论等科学方法和虚拟现实、计算机辅助设计、系统工程等技术为基础,用高性能计算机处理和分析各种参数,量化在计算机环境中,再加入预设的成百上千种作战方案,构建出用于设计和模拟战争的模型。这一点,离不开高性能计算机的帮助。

(4) 核试验模拟。为避免真实核试验对环境的破坏和对人类生存的影响,世界多国都开始进行亚临界核试验,即主要采用计算机模拟的方式,重点研究核武器的裂变材料在高能炸药或其他方式冲击(或爆轰)下的物理和化学行为。这种模拟试验所得数据规模异常庞大,必须用具备超快运算能力的高性能计算机才能完成。

早在2007年,美军为促进武器装备研发和保障军事任务就投资20亿美元启动了"高性能计算机现代化计划"。美国能源部用于核试验与核武器管理的高性能计算机不断升级。此外,DARPA在过去的10年间也逐年增加投入,共投资3.58亿美元研发高性能计算机硬件和软件基础技术,以支持未来美国国家安全需要的计算密集型和数据密集型应用。

专题九：美军不依赖 GPS 导航技术最新发展

为继续掌握未来战场制导航权,避免由于过度依赖 GPS 而带来的巨大风险,美军 2016 年继续推进不依赖 GPS 定位、导航、授时技术研发,重点发展微型定位导航与授时技术、小型高稳定原子钟技术、自适应导航技术、全源导航技术、视觉辅助导航技术等,并取得较大进展。

一、发展微型定位、导航与授时技术,支持满足微小型平台需求的 GPS 备份导航能力

为了解决 GPS 信号易受干扰以及卫星信号无法到达全部作战区域时,美军体系化作战能力大幅降低的难题,DARPA 微系统技术办公室于 2010 年启动"微型定位、导航与授时"专项。该项目旨在通过提升时钟、微惯性组件及系统的精度,实现不依赖 GPS 的微型高精度自主定位、导航与授时,弥补 GPS 导航固有的缺陷和不足,满足武器平台小型化、紧凑化发展需求,对于导航制导技术具有划时代意义。该项目 2015 财年由于经费削减暂时停滞,2016 财年重新启动。

该项目包括芯片级原子钟、微尺度速率积分陀螺仪、微惯性导航技术、芯片级时间和惯性测量单元、集成化微型主原子钟等 10 个子项目。涉及 4 个技术领域:一是时钟技术,主要发展超小型、低功耗的芯片级原子钟和集成性主原子钟技术;二是惯性传感器技术,主要发展质量轻、体积小、能耗低的导航级微型谐振陀螺仪;三是微系统集成技术,将微型时钟和惯性传感器单元集成到单个芯片上,实现惯性导航系统的微型化;四是微系统测试评估技术,为相关研究成果建立一个通用和灵

活的测试、评估平台。

在该项目支持下,2016 年 9 月微半导体公司研制的芯片级原子钟体积小于 17 厘米^3、重 35 克、功耗 120 毫瓦,并通过了全面运行和存储温度测试。惯性传感器方面最新研究成果主要有钻石半球形陀螺仪、基于玻璃吹制技术的微型球状陀螺仪、低 CTE 材料、分布式高 Q 质量块、压力成型酒杯状陀螺仪、半圆形壳状陀螺仪等。在精确惯导组件不断发展的同时,微系统集成技术也在不断进步,使当前惯性测量单元尺寸更小、重量更轻、功耗更低,并与其他精确惯导组件集成,应用于制导武器等平台。目前,微型惯性导航样机体积已缩小到 10 毫米^3,未来将向战术级发展。此外,在微系统测试评估技术方面,微型惯性导航授时设备通用的信号采集、记录和分析平台现已具备完全测试能力。

二、发展小型高稳定原子钟,提高不依赖 GPS 的授时精度

为了研制新一代原子钟,提高轻小型、低功耗平台的频率与授时精度,2016 年 DARPA 微系统技术办公室启动"高稳定原子钟"项目,与物理科学公司、OEwaves 公司、HRL 实验室、Charles Stark Draper 实验室等四家公司签订协议,研发轻小型、高能效原子钟,旨在克服现有授时技术电池供电缺陷,解决上电频差、长期频率漂移、频率温漂等问题,提供 GPS 拒止环境下的授时信息。

该项目重点关注两个技术领域:一是开发一体化高稳定原子钟样机;二是针对可替代原子钟的架构、组件技术以及问询方法开展基础性研究。该项目将分三个阶段进行:第一阶段为实验室研究验证阶段,确保其稳定性高于现有的原子钟;第二阶段将把所有原子钟组件集成到一个体积小于 30 厘米^3 的套件中,包括微型激光器、温度控制器、关闭装置、调制器、装有振动原子的小容器及其他光学元件;第三阶段将把所有相关部件整合到一个体积不超过 50 厘米^3 的套件中。

三、发展自适应导航技术，提高导航系统使用灵活性

为了通过多渠道获取导航信息，按环境、需求和任务要求，为不同平台、不同环境下的系统提供无GPS条件下的精确定位、导航与授时能力，DARPA战略技术办公室设立了"自适应导航系统"（ANS）项目，旨在通过开发新的算法和体系结构，实现多个平台定位、导航与授时传感器的快速即插即用集成，根据需求不同，引入不同类型的测量量和导航数据库，灵活配置不同类型的传感器和探测器，从而降低开发成本，并将部署时间从数月缩短至数天，尽快满足作战使用要求。

该项目包含"精确惯导系统"和"全源定位导航系统"两个子项目，涉及三个技术领域：一是开发更好的惯性测量装置，它需要较少的外部定位数据；二是非GPS信号源，通过军、民领域多种传感器信号应用，实现定位、导航与授时；三是新的算法和体系结构，可根据具体任务，利用新型非传统传感器，迅速重新配置导航系统。

该项目始于2010年，分为三个阶段：一是体系与算法设计；二是导航硬件设计、实时导航算法设计、新型导航测量技术开发；三是系统软硬件优化。2014年完成在多种平台上的子系统现场演示，2015年完成点对点系统演示。目前，项目大部分工作已基本完成，正在进行最后的调试和收尾工作。

四、发展抗干扰定位导航授时技术，提高对抗环境下导航性能

为了在复杂作战环境下获得准确的空间、时间和定位信息，DARPA战略技术办公室启动"对抗环境下的空间、时间和定位信息"（STOIC）项目，旨在开发对抗环境下不依赖GPS，性能上达到GPS标准的抗干扰定位导航授时系统。

该项目涉及四个技术领域:一是鲁棒的远程基准信号,开发不依赖GPS、无处不在的抗干扰定位导航授时系统,可在对抗环境下使用,地面基准信号发射机间隔至少10000千米,无需在对抗环境内或附近部署和维护基础设施,系统授时精度低于30纳秒,定位精度低于10米;二是超稳定战术时钟,其稳定度比目前铯束钟高100倍,艾伦偏差优于10^{-14}/秒和10^{-16}/月,具有作战所需的足够鲁棒性;三是利用多功能系统为合作用户之间提供不依赖GPS的授时和定位方法,实现平台之间相对时间精度为10纳秒(阈值)和10皮秒(目标);四是辅助技术,为其他三个技术领域开发新的部件、工艺、传感器以及建模方法。

该项目于2015年春启动,项目共分四个阶段:第一阶段,甚低频定位系统架构总体设计;第二阶段,对甚低频定位系统展开详细设计,预计周期12个月;第三阶段,对甚低频定位系统进行实时演示,并进行第二、三技术领域的研发,预计周期12个月;最后进行集成系统综合演示。当前,第一阶段工作已完成,甚低频定位系统已完成系统整体架构设计,覆盖范围距离超过10000千米,穿透性强,能够为水下潜艇提供不依赖GPS的导航,且导航能力可达到与GPS同等级别。2016年2月,DARPA发布第二、三阶段广泛机构公告,重点关注甚低频定位系统在机载和海上平台的应用。基于该项目,美军将拥有除GPS之外的备份定位、导航和授时能力,降低对导航基础设施的依赖性。这在确保美军精确行动的同时,又提高了灵活性和便利性。

五、发展精确鲁棒惯性制导技术,提高弹药打击精度

为了解决制导弹药不依赖GPS导航问题,开发满足战场作战使用要求的低成本、小型、低功率定位、导航与授时装置,DARPA微系统技术办公室2016财年启动"弹药精确鲁棒惯性制导"项目,旨在为制导弹药的精确制导提供不依赖GPS的"独立"惯性导航。

项目分为两部分,一是"导航级惯性测量装置"(NGIMU),目的是

开发一个完全导航级的 MEMS 惯性测量装置,尽快实现在 GPS 拒止环境下的弹药制导功能,将采用通信界面和插入式安装模式,取代现有的战术级惯性测量装置;二是"先进惯性微型传感器"(AIMS),旨在实现弹药发射和飞行阶段的导航功能,开发探测惯性力新途径。

2015 年 12 月,DARPA 与诺斯罗普·格鲁曼公司签订价值 630 万美元的合同,开展第一阶段研制,包括交付硬件以及飞行验证试验。2016 年 4 月,DARPA 与 HRL 实验室签订 430 万美元合同,开发耐振动-冲击传感器技术。此外,项目还将利用对称 MEMS 结构、集成光子、光学测量力和位置方面的最新进步,研发新型加速度和角加速度传感器,以彻底解决制导弹药不依赖 GPS 的精确制导导航问题。

六、开发新型视觉辅助导航技术,提供导航备份辅助方案

美国陆军装备部通信电子研发与工程中心(CERDEC)2012 年设立"视觉辅助导航"(VAN)项目,旨在开辟新型辅助导航手段,利用先进高速微型敏感照相机,帮助用户确定目标的相对运动,采用视觉辅助导航系统及惯性测量组件作为 GPS 拒止或降级的陆军作战环境导航备份方案。

2016 年,视觉辅助导航系统取得重大突破,采用一种具有快速帧率能够捕捉目标附近图片的照相机,利用特征检测技术,能够辨识极轻微的目标移动,通过比较每一帧图片的目标特征来判断照相机与每个目标相对移动的距离和方向,从而确定目标相对位移。系统中惯性测量单元通过与高速照相机协同工作,可产生连续的运动和方位数据。视觉辅助导航系统样机已进行了公路车辆测试,结果表明照相机的特征检测功能可准确捕捉到路途中的一切事物,包括信号标识、其他车辆、树木等。

目前该项目仍处于早期的实验室研究和现场试验阶段,在接下来

几年的研究中,会不断提高复杂程度,预期在未来 5～10 年内有可能实现部署应用,预计在 2022 年左右达到技术转型点。视觉辅助导航系统可配备于陆军单兵设备和车载设备中,还有可能集成到空军平台、精确制导弹药等多种作战平台上,为不同作战环境提供辅助导航。

七、发展深水导航定位系统,提高水下不依赖 GPS 导航能力

由于 GPS 信号无法在水下传播,目前的潜航器所使用的惯性导航及其他航位推算导航方式导航精确性欠佳,需要潜航器不时浮上水面利用 GPS 定位加以校准,存在暴露行踪的风险。为此,DARPA 设立"深水导航定位系统"(POSYDON)项目。2016 年 5 月,DARPA 向 BAE 系统公司授出合同,开发深水替代 GPS 导航方法,为深水潜航器提供无所不在的、不依赖现有 GPS 和惯性导航技术的稳健定位、导航与授时能力。该系统将在海底布放若干声信号源,潜航器通过测量待定点到这些信号源的绝对距离,获得持续、精确的定位。

该项目包括声学测量建模、声源和波形分析、海上数据收集验证、以及其他辅助技术。项目主要分 3 个阶段进行:第一阶段,为信号处理和海洋建模;第二阶段,发展和验证实时声学测距能力;第三阶段验证整个系统实时定位能力。

八、美军不依赖 GPS 导航技术发展呈现五大特点

总体来看,美军从不同技术手段出发加速推动的不依赖 GPS 定位导航授时技术发展,呈现出如下特点:

(一)促进导航定位授时新技术、新体制发展

较之于成熟的 GPS 技术,不依赖 GPS 的导航、定位和授时能力仍有

很大的提升空间,美军通过研制新型高稳定时钟、采用新信号体制、新原理技术概念等手段推动独立于GPS工作的新体制导航系统的发展,解决卫星导航系统固有脆弱性产生的水下、地面、室内、峡谷和密林,特别是电磁干扰条件下的高精度定位、导航与授时问题,最终发展成可实现全球覆盖的新型导航系统,提高不依赖GPS的导航系统的精度与可靠性。

(二)重视导航定位授时系统小型化发展

过开展微机电系统、微惯性导航测量单元等技术,大幅减小惯性导航装置的体积,将其集成于微小型制导武器中,解决微小型武器惯性导航难题,提高导弹及制导弹药的精确制导能力,适应未来战争武器装备小型化的发展趋势,有效弥补GPS能力不足。

(三)拓展导航信息多源化发展

在不依赖GPS导航领域,美军除了发展惯性导航,还大力开辟新型导航定位授时信息来源,如视觉辅助导航、全源定位导航等,实现多导航源的组合应用,最大化地发挥各导航源在不同作战环境的作用。

(四)提高导航系统的灵活性和便捷性

美军重视导航系统的独立性、灵活性、便捷性,使导航系统无需在作战环境中部署和维护,即可实现导航功能,提高作战效能。

(五)推进技术创新与成果转换

美军充分利用其他项目中的研究成果,推动新型导航定位授时技术发展。与此同时,大力开展导航定位授时相关理论及辅助技术的研究,具有很强的带动性和创新性,推广新原理、新技术的应用领域,为其他项目发展提供支持,为丰富的增值应用提供基础。

专题十:国外高度重视脑机技术发展

脑机技术是在人脑与外部设备之间建立直接连接,实现意识对设备的直接控制,是意识操控武器装备的基础技术。通过脑机技术实现武器装备的精准掌控,进行防御和进攻,缩短动作间隔,反应更加灵敏、迅速。特别是随着科学技术的发展,武器装备操控复杂性不断提升,通过脑机技术利用计算机与肌体协同控制提高士兵(如战斗机飞行员、作战机器人操作员等)的快速反应能力将成为实现人与装备完美结合的有效手段。

一、国外脑机技术发展背景

脑机技术发展极具前景,但目前仍处在初级阶段,为抢占技术发展先机,世界主要国家和地区都推出了相关计划。

美国政府于2013年4月正式启动"人脑地图计划"。该计划被认为可与人类基因组相比的重大科研计划,旨在推进先进神经技术的发展和应用,探索人类大脑工作机制、绘制人脑活动全图。"人脑地图计划"主要是以人脑为研究对象,专业度高,涉及科研部门相对有限,主要由国家卫生研究院、DARPA和国家科学基金会联合主导,启动资金超过1亿美元。2016年3月,美国政府宣布将"人脑地图计划"基金资助目标拓展至艾伦脑科学研究所、通用电气公司、葛兰素史克公司、霍华德休斯医学研究所、Inscopix、维理基金会等研究机构,且年度预算增至3亿美元。

欧洲紧随其后也启动了"人脑计划",并将其列入欧盟未来旗舰技术项目,旨在加速对大脑认知,实现对大脑疾病全新预防和治疗,研发能够变革产业、经济和社会的先进计算技术。该计划将从数据、理论、信息通信技术平台和应用四方面展开,预计将持续10年,分三阶段执行。第一阶段为期2年半,实现信息通信技术平台搭建,并为该平台收集筛选数据。第二阶段为期4年半,加强战略数据收集、平台新功能补充,同时积极展示平台在基础研究、医疗应用和未来计算方面的重大价值。第三阶段为期3年,继续完善平台,为欧洲科学研究和产业发展提供强有力支撑。

日本科学省也于2014年9月启动"大脑研究计划",为期10年,由日本理化研究所主导完成,旨在理解大脑工作机理及通过建立动物模型,研究大脑神经回路技术,最终绘制人脑图谱并开展临床研究。

二、国外脑机技术发展现状

近年来,脑机技术快速发展,各国研发项目均取得多项进展,特别是脑控方面,取得重大突破。

美国在脑机技术方面处于世界领先地位。2016年1月,DARPA启动为期4年的"神经工程系统设计"(NESD)项目,预计投资6000万美元,研制植入式脑机接口。该项目将开发体积不大于1厘米^{3}的可植入生物兼容设备,将神经元所产生、传递的电化学信息转化为电信号的数字信息,实现人脑和计算机的桥接。2015年9月,DARPA对外展示了"手本体感觉与触摸接口"项目成果——脑控义肢,首次实现了将义肢的触觉信号(如按、压等)反馈给大脑。2013年,DARPA"阿凡达"项目在远程视觉呈现、远程操控方面取得关键进展,旨在实现意识遥控类人机器人作战。此外,美国大学相关研究也取得多项成果。2013年3月,布朗大学研究人员研制出全球首款火柴盒大小无线连接脑机接口装置,可将脑部数据传输至1米内其他设备;6月,明尼苏达大学研究人员成功研制出脑电波遥控直升机,在人脑直接操控领域取得重大突破。

其他国家在脑机技术方面相对落后,但在脑机控制方面紧随其后。2015年底,俄罗斯Neurobotics公司在前景研究基金会的资助下,研发出脑电波控制的四轴飞行器。2014年4月,日本本田公司、国际电气通信基础技术研究所和岛津制作所联合开发的脑电波控制机器人正式对外展示,准确率高达90%。2015年3月,日本近畿大学研究人员开发出意识操控计算机等机器的技术。

三、国外脑机技术发展意义与影响

脑机技术作为一门重要的生物交叉技术,其飞速发展将大幅提升武器装备智能化和操控意识化程度,对武器装备发展、使用和整个军事能力建设产生难以预见的深刻影响。

(1)人机结合武器装备。脑机技术的进步极大地提高了人机系统研究热情,研究成果将提高武器装备性能。人们可以利用此种方式控制几乎所有的武器系统,并通过脑机技术应用人长时间以来所积累的经验、知识,以及人特有的直觉、灵感等,显著提高武器系统的综合智能化水平,达到人机系统高度智能化、协调化。

(2)促进发展新型认知系统。随着脑机技术的不断发展,日益复杂的认知系统将可能在未来实现。通过脑机技术实现对认知系统的深度构建与训练,增强其推理计算能力。

(3)提高士兵精神状态。脑机技术可被用于提高士兵在应激状态下的信息处理能力和认知能力,包括记忆、注意力集中、情绪和智力等,使士兵处于最佳认知状态。此外,通过脑机技术还可进行士兵精神与思想状态分析,以减少军人的精神心理疾患和应激反应发生,保持最佳心理状态。

四、启示

目前,美国、日本、俄罗斯等国已初步实现了脑电波控制小型飞行器、机器人、计算机等装置。与此同时,美国也在不断研发脑机技术相关装置,致力于装置的感应精准化、体积小型化、生物可兼容化。国外技术发展方向为我国制定"脑科学与类脑科学研究"计划提供借鉴,可采用概念创新、技术创新、集成创新相结合的思路,为实现多领域突破奠定基础。

专题十一：美军云计算发展措施研究

云计算是下一代互联网的基础，被视为信息技术领域继计算机、互联网之后的第三次变革。随着云计算在民用、商用领域的成功应用，美军高层决策者逐步认识到云计算是解决目前信息基础设施和信息系统低效率、高成本、建设更新周期长的关键，是美军信息化转型、能力转型的必由之路。

一、美军云计算发展的主要措施

美军认为云计算仍处在初级阶段，为实现其更好地为军事服务，积极采取措施推动其发展。

（一）发布最终版技术路线图，夯实技术发展基础

为解决包括美军在内的国家部门云计算技术的基础问题，美国政府委托国家标准技术研究院牵头制定云计算技术发展路线图。2014年10月，由国家标准技术研究院组织实施，国防部、国土安全部、中情局等政府机构参与制定的云计算技术路线图第一卷《促进美国政府机构云计算采用的高优先级要求》和第二卷《对云计算使用者的有用信息》最终版正式发布。早在2011年，国家标准技术研究院就发布了云计算技术路线图初稿。经过3年时间的修订，最终版采纳了初稿中200条以上的参考意见，充分利用了政府、工业界、学术界，以及标准开发组织等各界优势与资源，正式确立了政府使用云计算技术的十大要求和相关技术规范。

云计算技术十大要求涉及互操作性、性能、便携性与安全性等方面，主要包括：一是基于国际共识的互操作性、可移植性及安全标准；二是高优先级安全要求解决方案；三是优质服务水平协议技术规范；四是分类清晰始终如一的云服务；五是可支撑联邦社区云的架构；六是不强调组织政策的技术安全解决方案；七是定义独一无二的政府要求和解决方案；八是与未来并行协同的云发展倡议；九是定义和实现可靠性设计目标；十是定义和实施云服务度量。此外，路线图中"优先行动计划"部分指出了美国政府为促进云计算技术发展未来将重点采取的措施：关注技术规范，确保形成一致、高质量云计算服务水准的协议；对改进框架支持联合社区云服务；将技术政策、认证信息、命名空间与可信基础设施协调，以支持跨服务提供商与跨区域的社区云计算服务；改进云计算服务度量，包括云计算资源的标准单位。

与此同时，路线图还明确了云计算技术与大数据技术不可分割，网络安全与云计算技术互为依赖，以及其他平行信息技术在云计算服务及云数据采集、储存、分析、共享和管理中所起到的作用。

（二）出台系列战略规划，明确发展方向

2015年4月，美军发布《陆军云计算战略》，确立并阐述了美国陆军对云计算网络能力发展的构想与战略，改进任务执行与后勤信息保障效能，提升信息技术运维效率，加强对陆军数据和信息基础设施的保护。未来10年，美国陆军将加大对一系列以云计算为中心的关键项目支持，包括"联合信息环境""情报部门信息技术企业""作战人员战术信息网"等。与此同时，美国陆军还意识到，信息技术向云计算转型中最大的困难来自于安全保密，提高云计算安全与网络基础设施建设同等重要。

早在2012年7月，美国国防部首席信息官就发布了《美国国防部云计算战略》确立了"实施云计算，使之成为最具创新性、最高效和最安全的信息与信息技术服务交付平台，支持在任意地点、任意时间，任

意认证设备上遂行国防部任务"的总目标。同时,美国国防部还通过了实施云战略的四大步骤:一是建立联合管理体系,推动文化转型,鼓励采用云计算;二是合并优化数据中心,整合传统应用和数据;三是建立国防部企业云计算基础设施;四是提供云服务,利用商业服务扩展军方云服务能力。此后,美海陆空三军都分别调整了信息技术采办计划,将云计算优先级调为最高。

此次,美国陆军发布云计算战略,是针对陆军需求,对国防部云计算战略的细化。美陆军将简单的调整信息技术采办计划,升级为战略调整,明确了陆军云计算未来10年的发展方向。预计未来,美海军、空军也将相继推出其云计算战略。

(三)整合"遍地开花"式数据中心,为云计算建设铺平道路

在过去的30年中,美国国防部共建设了774个数据中心,但计算能力利用率仅为27%。这些数据中心的建设缺乏统一规划,计算设施组织方式各异,相互之间缺乏统一的标准和协调。这种"遍地开花"式数据中心不能满足安全性和可靠性日益增长的需求,且维护成本高昂。在国防经费削减的情况下,为更好地满足国防计算能力需求和推进云计算技术应用,美国管理预算办公室2010年启动了"数据中心整合计划"。对数据中心进行整合,不仅可以实现效益和节约开支,更能提高信息共享能力,增强信息安全,可更好地利用信息资源并提升服务。2014年5月,美国国防信息系统局继续推进数据中心整合计划,关闭位于阿拉巴马州亨茨维尔的国防企业计算中心,其肩负的国防部电子邮件业务被转往其他数据中心。按照计划,2016年前,国防信息系统局将数据中心削减至428个。同时,国防信息系统局还使用虚拟化技术对处于整合过程中的新数据中心进行基础设施分区,使特定的数据类型能根据支持的任务风险存储在不同安全等级的区域中,为云计算安全夯实基础。

(四)提升云计算基础设施建设优先级,确保投入不减

近年来受经济危机影响,美国国防预算连年削减,2015年削减近480亿美元,但其在云计算基础设施建设上的投入丝毫没有受到影响。2015财年DARPA预算进行了调整,较2014财年增加1.36亿美元,其云计算项目资金整体增加,准备实施新计划,努力确保云计算安全满足国防部需求。美海军继续推进总投资34亿美元的关键云计算基础设施——下一代企业网建设,2015年与惠普公司签订后续合同,惠普公司将联合AT&T公司、诺斯罗普·格鲁曼公司、IBM公司,以及洛克希德·马丁公司完成相关工作。该基础设施采用云计算架构,能够更好地完成网络无缝转换,并能提高网电安全。

(五)大力发展云计算作战应用,重点增强情报共享、态势感知能力

保密级"军事云"平台初步建成。2014年10月,美国国防信息系统局宣布保密级"军事云"已具备相关功能,正式投入使用。"军事云"平台是国防部云计算基础设施的重要组成部分,其主要负责向国防部及其下属机构提供云服务。目前,国防部已在军事云平台上搭建了虚拟数据中心,并交由国防信息系统局负责管理。

云计算环境下情报融合取得新进展。2014年4月,美国Exelis公司启动"刹车线"项目,旨在实现云计算环境下的离散情报共享和多源信息筛选融合,增强飞机态势感知能力。此项目集合了通信情报、图像处理、无人机等多方面专家,协同工作,打破传统情报搜集处理模式,进一步有效融合多源信息,缩短情报获取时间,提升获取情报的精确性。目前,Exelis公司推出的基于云计算的地理空间图像和数据分析软件已广泛应用于军事和情报部门的战略战术行动。据分析,"刹车线"项目将有助于增强该软件性能。

战术云计算技术将应用至远征作战。2014年8月,美海军投资

1230万美元启动"海军战术云"项目。该项目将重点研究海军数据科学、分析学和决策工具的开发,包括开发可增强作战指挥和控制能力的应用软件和工具,使得"海军战术云"具备计划、实施远征作战任务的能力。目前,美海军已建立了"海军战术云参考实现"的大数据云计算环境,该系统由阿帕奇软件公司开发的 Hadoop 软件平台和美国 Cloudera 公司开发的计算环境、数据分析工具组成。系统的数据存储采用谷歌公司、IBM 公司开发的 Accumolo、MapReduce 系列产品。为保证云计算项目的系统集成,美海军还所有研究人员提供参考模型和用于虚拟计算的开发工具包。"海军战术云"项目将专注于将云计算应用至美海军陆战队的两栖作战,为美海军舰船和海军特种作战部队提供支撑。

移动战术云项目进入第二阶段。该项目由 DARPA 启动,旨在为作战人员提供更强大的计算能力(比现有能力增强 100~1000 倍)以改善军事战术环境中的态势感知能力。2014 年 9 月,移动战术云项目完成技术方案设计验收,正式进入第二阶段。在第二阶段,该项目将重点完成原型机的研发,同时确保设备便携性,使其易于安装至车辆、战斗机与无人飞机上,扩大战术云计算设备的可使用范围。

二、美军云计算作战应用意图

(一)增强情报安全性

"斯诺登事件"的发生让美军更加重视情报安全工作。美军对此类情报泄露事件虽有防范,但现有数据网络环境较差,无法做到完全杜绝。此前,美军数据网络环境组成复杂,任一小环节出现差错,都有可能造成信息数据泄露。构成数据网络环境的小网络众多,且存在相当数量的配置结构较为独特,在遭受黑客攻击时,无法实现跟踪定位。另外,过去几十年缺乏系统规划、混乱的数据基础结构使内部人员窃取信息轻而易举、难以追查,因此斯诺登窃取机密量级仍不确定。然而,云安全平台的建设可有效解决目前系统存储情报的安全问题。将情报存储至云安全平台,摒弃之前的分散存储,更易于对情报数据进行监控与追踪,提高整体情报的安全性。与此同时,云计算建设还包含了陆海空三军安全体系结构的统一,其单一安全架构能够解决美军在实施任务保障服务时存在的机构重叠、职责不清等问题,消除以往各军种之间的网络安全边界问题,减少可攻击弱点。

(二) 提高情报分析能力

云计算将信息战重点从信息的采集转向了信息的处理和应用,从网络的互联互通转向了云计算平台与战场前线终端的交互。云计算的价值不仅在于新内容的生成,而且在于如何从大量的、分散的、杂乱无章的原始数据或信息中提取出更加有用的情报,甚至是知识,从而进一步形成信息优势,领先对手于悄然无形中。另外,云计算与大数据技术的密切结合可快速整合作战信息(如侦察、情报、天气等),形成作战全景图,使指挥员能够做到"知己知彼",甚至对"天时地利"情况有一定的掌握,形成决策优势。即使在快节奏作战条件下,指挥员也能够抓住转瞬即逝的战机,实施有效指挥。

(三) 提升网电作战能力

整个美军云计算系统拥有强大的运算能力,可支撑海量数据处理。其不但能够增强检测敌方网电安全漏洞能力,增加网电攻击效力,而且能深入挖掘网电攻击和内部威胁,确保己方网电环境的安全。同时,美军还采用人工智能技术和变体网络技术,构建动态可自我恢复云计算系统,增强云计算主动防御能力,更好地保障作战计划执行。

专题十二：美国量子信息技术发展分析

2016年7月，美国国家科学技术委员会科学分委会与国土与国家安全分委会联合发布《美国在推进量子信息科学发展中面临的机遇与挑战》报告。报告对近些年美国政府在量子信息科学领域的投资及主要项目情况进行了说明，提出了量子信息技术的4个核心应用领域，分析了美国量子信息技术发展面临的主要挑战。

一、报告发布背景

量子信息科学领域进入快速发展期并获得了越来越多的关注，其衍生的近期和远期应用也涵盖了基础科学的广泛领域。产业界和国际上的大量投入，预示着量子信息科学设备和能力已处在进入市场的早期阶段，且有望对未来形成更大的影响。

二、美国政府在量子信息科学领域的投资及主要项目情况

自20多年前初次出现量子信息科学以来，美国联邦机构就对该领域的研发活动提供了大力支持。目前，美联邦政府在量子信息科学基础与应用研究方面的投资大致保持在2亿美元的水平。其中，国防部各军种与国防部长办公室、国家标准与技术研究院，以及国家科学基金会主要为量子信息科学基础研究提供支持，国防高级研究计划局和情报先期研究计划局则主要是对一系列目标明确的限期项目提供资助。2017财年，能

源部计划采取措施支持与其任务相关的量子信息科学研究新项目。

（一）国防部

美国国防部各军种所属的基础研究机构以及国防部长办公室，主要支持量子信息科学及其相关技术领域的基础和应用研究，研究重点为事关国家安全的各种应用，如精确导航、精确授时以及安全量子网络等。2011—2015年财年，国防部长办公室还通过12个"跨学科大学研究计划"（MURI）为量子信息科学相关研究专题提供奖励款项。与其他政府资助项目相比，这些奖项可提供更高层次和更长期的支持，备受各研究社群的赞赏，这些研究社群认为，对于需要团队协作且高度复杂的量子信息科学项目而言，这是一种十分合适的支持机制。从2016财年开始，国防部长办公室开始对三军量子科学与工程项目（QSEP）提供支持，该项目将利用各联合军种实验室的专业知识来研制可扩展原型量子网络、开发和制造实用的量子记忆体，并在整个网络中对高度敏感的传感器应用加以展示。同时，美国陆军、空军和海军的研究实验室也将对各自的量子信息科学相关项目加以支持。值得一提的是，陆军研究实验室从2015年开始了一项为期5年的协作研究计划（参与协作研究的包括陆军研究实验室、学术界、产业界以及其他政府机构的研究者），以共同开发一个多站点、多节点、模块化的量子网络。该计划的远期目标是确认并提供满足国防部任务需求的超传统能力。美陆军机构还对其他机构的工作提供了支持，如陆军研究局通过与国家安全局的物理科学实验室（LPS）开展协作，对世界各地的大量学术性量子计算研究项目提供支持和管理。物理科学实验室是一个近邻马里兰大学校园的独特机构，在这里，联邦政府与大学的研究人员在这里协作开展先进通信与计算机技术方面的研究，量子计算也包括其中。

国防高级研究计划局将一如既往地对量子信息科学中不同领域的研究项目提供资助。这些项目中，"量子辅助传感与读取"（QuASAR）项目旨在研发工作在低于或接近于标准量子极限条件下的传感器，

Quiness项目旨在探索改进量子通信的各种方案,"光学晶格仿真器"(OLE)项目旨在模拟原子体系中量子材料的属性,"量子纠缠科学与技术"(QuEST)项目旨在解决量子信息科学领域突出挑战的创新性方案,而近期启动的"光子探测的基础极限"(Detect)项目则旨在研发能够应用于量子信息科学领域的促进光子探测器建模与制造方面革命性进步的创新方案。

(二)能源部

在过去10年间,能源部科学办公室与国家核安全局(NNSA)资助的部属各大实验室,已积极主动地对量子信息科学中特定领域的专业知识进行了发展,并认识到了量子信息科学在其支持能源部任务的各项工作中发挥的日益重要的作用。从2017财年开始,能源部将对一些它们感兴趣的量子模拟和量子计算核心项目提供研发支持。最初,这些项目将着重开发部署量子计算试验台,以便研究社群对量子计算进行探索,对基础性的应用数学和计算机科学进行研究,对能源部科学办公室的项目(主要包括基础能源科学、高能物理领域的项目)进行算法开发。此外,能源部正与科学界合作,共同探索基于量子信息科学的方法来对能源部各科研设施中开展的物理科学实验进行改进,其中包括量子材料与结构合成、材料制备、材料特征化以及验证相关技术理论的实验。能源部还在2016年2月举行了"能源相关技术量子材料的基础研究需求"的研讨会,并预计在2016年夏发布研讨会报告。

(三)情报先期研究计划局

情报先期研究计划局(IARPA)最近对量子计算几个特定发展方向的项目进行了资助,并计划在未来几年继续开展相关资助。在这些项目中,"逻辑量子比特"项目旨在通过在一些瑕疵物理量子比特中建立逻辑量子比特来克服当前多量子比特系统的局限,而"量子增强优化"项目则打算利用必要的量子效应来对处理高难度组合优化问题的量子退火解决方案加以改善。情报先期研究计划局一直以来对资助新计算方法的研究怀有浓厚兴趣,其中包括基于量子体系的算法,其特性将能够提供一套针对情报问题的高效或安全的解决方案。

(四) 国家标准与技术研究院

国家标准技术研究院(NIST)在量子信息科学领域上的研发始于20多年前,并通过一系列截至2005年研究计划后发展到当前的水平。20多年的发展历程中,国家标准技术研究院首次对量子比特门(Monroe,1995)进行了演示,开发了一些当时世界上最灵敏的单光子探测器(Marsili,2013),并利用量子纠缠原理制造了一个量子逻辑钟(Chou,2010)。国家标准技术研究院当前项目侧重开发相关计量学以对量子通信、量子计算和量子测量提供支持。2016财年,国家标准技术研究院在现有资源基础上继续追加资金,强力推进基于量子的传感器和测量,为联邦政府在量子信息科学上的努力提供直接支持。在2017财年,国家标准技术研究院还计划加强对量子计算研究的支持,这也是研究院在国家战略计算计划中所承担总体工作的一部分。此外,研究院还为马里兰大学的两个量子信息科学联合研究中心提供了支持。

2006年,国家标准技术研究院、马里兰大学和物理科学实验室合作成立了联合量子研究所(JQI),旨在通过原子物理学、凝聚态物理学和量子信息科学领域科研人员的思想交流来创建世界一流的研究机构。2014年,国家标准技术研究院和马里兰大学建立了量子信息和计算科学联合中心(QuICS),该中心作为联合量子研究所的补充,重点研究如何用量子体系来存储、传输和处理信息。除开展前沿研究外,同在马里兰大学校园内的联合量子研究所及量子信息和计算科学联合中心还将通过各种丰富的对外互动举措,为今后量子信息科学产业和学术界培养科学家。

(五) 国家科学基金会

几十年来,国家科学基金会对支持量子信息科学的物理科学、数学、计算机科学和工程等领域的基础研究进行了长期的资助。此外,国家科学基金会的物理分部还在10多年间资助了"量子信息科学和革命性计算"项目,致力于推进量子信息科学的发展。国家科学基金会也资助了两个量子信息科学相关的物理学前沿中心。其中,从2011年开始,加州理工学院的量子信息和物质研究中心重点关注量子信息、量子物质、量子光学和量子力学系统;2008年开始,联合量子研究所物理学前沿中心一直致力于探索各种控制和处理量子相干与纠缠的方法。这些具有高产出能力的不同团队汇集起来,使得学生和初级研究人员可以突破机构界限来确定合作研发机制,可以取得更大的进步。近几年,国家科学基金会中已经出现了越来越多质量极高的关于量子信息科学的申报研究方案。国家科学基金会也积极采取措施予以回应,包括创建新的项目和对现有项目进行调整,以便更好地满足量子信息科学研究社群的需求。2016财年,国家科学基金会工程局（Engineering Directorate）选择了"推进通信量子信息研究在工程中的应用"作为其"新兴前沿研究创新计划"的子项。"新兴前沿研究创新计划"侧重为多学科团队提供更高水平的资助,并致力于范式转换方面的研究。此外,量子信息科学已被添加到国家科学基金会的"小企业创新研究与技术转移计划"（SBIR/STTR）课题领域列表中,国家科学基金会的物理学部还选择将量子信息科学作为2016财年一个特别项目的两大主题之一——该特别项目旨在促进推广协作研究,并通过"理论物理学重点研究中心"课题为博士后阶段科研人员提供劳动力培训。为进一步解决国家科学基金会内跨学部和部门资助面临的挑战,国家科学基金会还宣布在2017财年实施名为"量子信息科学中的相互联系"的元项目。该元项目将由国家科学基金会的数学与物理学部（MPS）、工程学部（ENG）、计算机与信息科学及工程学部（CISE）负责组织,以促进这三个学科交叉领域中的量子信息科学研究。

三、量子技术核心应用领域

量子信息科学将有望开启全新的技术发展前景。其带来的最大影响很可能首先体现在传感与计量领域,然后是通信与模拟领域,最后是计算领域。

(一) 量子传感与计量

量子信息科学正在突破传感与计量的极限。用于惯性导航的原子干涉计可经过调整后当作重力计,其应用也将涵盖从地球系统监测到精确定位地下矿藏位置的广阔范围。以钻石点缺陷为基础制成的磁力计可以靠近人体操作,也可在军事和工业应用的极端环境下使用。以量子信息科学为基础的计时装置,如国家标准与技术研究院提出的量子逻辑时钟,将是世界上最精确的时钟之一。为诸如量子通信等远期应用而开发的光子源和单光子检测技术,可在短期内提升光敏探测器的校准,并让低吸收度且数量有限样本中的痕量元素探测成为可能。由于持续的投资加上研究社群与产业界的有效协作,美国市场上5年之内就会出现一系列经过量子信息科学增强的传感器,并有更多产品处于研发之中。

(二) 量子通信

量子通信(对光子或物质的量子状态进行编码传输信息的能力)是一个极富挑战性的技术问题,因为存储于量子状态的信息在量子体系(Quantum System)受到扰动时会发生不可逆转的改变。这一特性的优势在于很容易把偷听者检测出来,并实现量子安全通信;劣势在于传输信号无法被复制或放大。量子安全通信在当前是热门开发领域。作为一种在分配密钥伙伴间生成加密密钥的安全手段,量子密钥分配有望在网络中得到应用,该手段近年来也得到美国以及外国产业界的关注。其他可能在近期得到实施的应用包括防伪虚拟货币和可确定两段远程数据(如财务记录)是否相同的量子指纹技术,这些应用展现了量子通信对商业的潜在影响力。长期来看,量子网络将连接诸如全球地震监控传感器之类的分布式量子传感器,并允许量子信息在量子模拟器内部部件以及下文中谈到的计算设备之间连贯一致地流动。基于当前试验性工作开发可靠光子源与技术来实现远程量子信息传输的方案,以及正在进行的关于共享数据(如在两个量子处理器之间)协议的理论性工作方案,在持续关注和支持下有望在5~10年内出现。

(三)量子模拟

量子模拟器用便于操控的量子体系来对其他难以直接研究的量子体系(如复合材料)的特性进行研究。能源部国家能源研究科学计算中心(NERSC)是美国研究社群能利用的主要超级运算机构之一,其中材料计算在该中心的应用中排名第二。量子模拟器具有为材料计算问题提供高效解决方案的潜力,同时也有为计算科学中因传统高性能计算机固有能力限制而难以解决的其他问题提供高效解决方案的潜力。基于几种不同技术的量子模拟器原型已在实验室进行过演示,包括:使用成组的捕获离子来对磁性材料进行模拟,使用冷原子以及量子点来对简单化学反应的动力学进行模拟。从长期看,量子模拟将让我们能够理解特殊物质(如高温超导体)的特性,对复杂分子间的互动进行预测,并让我们对核物理和粒子物理模型中先前无法触及的领域进行探索。当前,量子模拟尚未涉足常规计算机难以处理的问题,但这似乎也是一个机会,10年之内,它就能让我们对以前难以企及的一些应用领域进行探索,如化学、材料科学和物理学领域。

(四)量子计算

量子计算机可对量子比特中存储的信息进行处理,每个量子比特以叠加态形式存在并且相互纠缠。量子比特独特的量子特性可让量子计算机运行特定计算时比常规计算机更快,某些场合下运算速度更是后者的指数倍。最明显的例子是前文提及的整数分解肖尔算法,该算法显示出量子计算机在解决实际应用问题中的巨大威力。人们在化学、材料学以及粒子物理学问题中已经发现了指数级量子加速现象,量子计算可能最终在这些乃至更多科学领域引发革命。在应用广泛的搜索及其相关任务中,人们也已经发现了可提供加速更加适中的量子算法。更多思辨性研究提高了量子加速在优化和科学计算领域投入应用的可能性,这些应用将可解决相关领域的大量问题,如机器学习、软件验证与确认、雷达散射计算等。目前,量子计算硬件正处在实验室原型阶段并稳步向前发展,一家商业机构已经研制出一个5量子比特的处理器,并通过互联网提供给研究社群使用。尽管今后将需要更大规模的量子计算设备来对诸如肖尔算法等量子专用算法进行测试,在量子计算机早期研究阶段,研究人员应该会继续对那些数十个纠缠量子比特的系统感兴趣——这样的系统大概5年内就能面世。开发通用量子计算机将是一个长期挑战,并将以原本为量子模拟和量子通信而发展出来的技术为基础。充分利用量子计算机的优势,还需要持续地在算法、程序语言以及编译器上倾注努力。目前,人们并未完全掌握量子计算机的终极能力和局限所在,这依然是一个热门的研究领域。

四、美国量子技术发展面临的主要挑战

跨机构工作组对量子信息科学领域的情况进行调查后,发现了一个显而易见的事实,那就是尽管量子信息科学在近年来取得了相当大的进展,我们依然可以通过解决下面提到的问题来大幅提高技术水平。联邦机构已开始着手解决这些障碍,并计划根据各机构量子信息科学项目的演进发展而实施相应解决方案。在克服这些障碍并获取量子信息科学带来的好处时,采取政府、学术界和和私营部门共同合作寻找并实施解决方案的形式,远比联邦政府独自努力要更加有效。

(一)机构的界限

一直以来,量子信息科学的大多研究都是在现有的机构界限内实施的。例如,国家科学基金会所辖的各部门分别对不同大学院系的量

子信息科学相关研究进行资助。而在量子信息科学研发的未来关键阶段中,将需要各机构超越组织界限开展更多的合作。例如,为了将物理实验室光学平台上用于验证原理的纠缠光子源转化为现实世界量子网络中稳健的可扩展平台,就必须依靠拥有各种不同技能的团队的共同努力。那些为多样化团队提供资金的联邦项目(如后文所述)已被证明行之有效,可以加快量子信息科学研究的步伐。与之相似,大学中那些有助于超越院系界限促进人员合作的研究中心和研究所,也一直拥有极高的产出率。几所在量子信息研究中处于领导地位的大学,也已实施计划来组建它们自身的研究中心和研究所。还有一些大学则与私人基金会或政府建立了伙伴关系。只要继续努力克服机构内部的界限障碍,鼓励将各种各样技能经验汇聚一处的研究合作,就有可能直接转化为量子信息科学的加速进步。

(二) 教育与劳动力培训

无论是学界科学家还是产业界代表都认识到,对量子信息科学的持续进步而言,仅有特定学科的教育并不够。当量子信息科学领域演进到当前阶段,要想在基础研究和技术应用上取得进步,相关人员必须对量子力学有着深刻的理解。当前,在高等院校中,除物理系外,很少有其他院系会深入地教授量子力学知识,这也就解释了为何物理学社群比其他社群(如计算机科学家或应用数学家社群)更能接受量子信息科学,但量子信息科学并不限于物理学领域。对前面提到的许多领域来说,计算机科学和应用数学同样十分重要。电气工程与系统工程也很关键,而且随着量子信息科学技术的更大规模部署,过程工程的重要性也将日益凸显。总而言之,量子信息科学的研发工作,现在乃至今后都需要多种多样的技能与专业知识——这些技能与专业知识的具体组合也将根据应用的不同而不同。一些大学在远见卓识研究者的努力下,针对工程和其他非物理专业的学生,已开始设计包含有量子信息科学内容的本科和研究生入门水平课程。前面提到的大学量子信息科研中心也在积极行动,为学生提供能够培养量子信息科学研发综合技能的机会。随着量子信息科学的进步与成长,我们将可利用这些早期量子信息科学教育与劳动力培训所获得的知识来满足未来的需求。

(三)技术与知识转移

随着量子信息科学应用的日益成熟并从实验室原型向潜在的适销技术产品转变,大学和国家实验室所拥有的相关知识必须转移给私营部门中拥有适当技能的劳动力。产业界代表已经认识到了一些现有联邦项目的价值,如美国国防部拨款的"小企业研发与技术转移计划"(SBIR/STTR)、国家科学基金会拨款的"促进学术界与产业联络关系专款"等,但这些项目无法解决企业将量子信息科学应用投入市场所面临的诸多挑战。其中,第一个挑战是缺乏统一框架来支持把实验室原型转换最终适销产品的研发工作;第二个挑战是涉及大学对知识财产(IP)的授权,许多这类知识财产因量子信息科学并非成熟领域而带有竞争前期性质,但它们与那些已经成熟且更适销的技术一样备受知识财产持有者的重视;第三个挑战是如何将那些能力资格出众的大学毕业生与亟需其专业技能的公司联系起来,但公司(特别是小公司)通常缺乏足够资源来进行广泛招聘或是提供实习机会,此种挑战在许多研发领域都很普遍,但在诸如量子信息科学这样的新兴快速发展领域尤为突出。联邦政府已经积极关注提高技术转移和强化科学、技术、工程和数学(STEM)劳动力的教育培养。与此同时,大学也可采取主动措施让学生为今后所有可能的职业选择进行准备,并促进校园中的世界级研究转化为可为社会带来巨大效益的技术产品。

(四)材料与制备

实用量子信息科学应用的发展取决于两大因素,一是可获取具备适当量子特性的材料,二是具备硬件封装能力(即将这些当前可能占据几张实验桌的硬件封装为具有相同功能且便于生产制造的适用设备)。

当前，量子信息科学某些领域的进步已经受限于量子材料的制备能力，前面提到的氮-空位钻石晶体材料就包括在内。如今，用于量子信息科学应用的新设备的设计、集成和制造已是工程上的一大挑战，因为其所需能力已超出产业的现有水平。此外，为研究社群提供更便利机会，让他们能使用联邦设施来探索新材料和新设备概念，可以提高基础和应用量子信息科学研究的进步速度。量子信息科学应用的发展和部署将有赖于新型量子材料的可靠生产，要想生产这些新材料以及成规模应用这些材料的量子信息科学设备，必须在量子材料制备工具和技术上取得根本性的进展。当前，人们尚未完全了解量子设备生产有哪些制造和系统性的工程挑战，但随着领域的发展和对这类设备的需求，这一问题的解决势必变得越来越重要。

（五）资助水平与稳定性

一直以来，美国总体研究资助水平的不稳定对量子信息科学带来了深刻的影响，包括技术进步速度和美国的劳动力发展都受到这一不稳定性的阻碍。这种不稳定大多可以归结于联邦机构的缺乏协调，即当某一机构发展或终止一些项目时，联邦量子信息科学的总体研究资助水平随之呈现大幅的波动。美国联邦政府以及其他组织在资助水平上的波动还造成大学研究计划难以保持性，并导致初级甚至高级科研人员被迫选择其他职业或是离开美国寻求发展机会。对联邦量子信息科学项目进行协调，保持总体充足的平稳资助水平，将提高联邦投资创造的价值并吸引更多人才投身这一领域。当前量子信息科学跨机构工作组的一大目标就是促进这一协调。

军用电子器件篇

专题一：2016年国外电子元器件发展热点分析

专题二：美国积极应对军用电子元器件老旧和停产断档问题

专题三：后硅时代半导体技术发展蕴含战略机遇

专题四：美国首次合成二维氮化镓材料

专题五：美国首次在芯片制造过程中植入模拟恶意电路

专题六：美国开发出电子增强原子层沉积技术

专题七：英国首次研制出实用性硅基量子点激光器

专题八：欧洲"石墨烯旗舰"项目进入第二阶段

专题九：美国组建新的微电子长期研究计划

专题十：美国硅光子神经网络问世

专题十一：美国洛克希德·马丁公司推出芯片级微流体散热片

专题一:2016年国外电子元器件发展热点分析

电子元器件是构成军事电子信息系统和武器装备的基本功能单元,是发展信息化武器装备的重要基础,是实现信息优势、决策优势和作战优势的重要保障。2016年,国外电子元器件领域热点纷呈:一方面,1纳米栅长晶体管、硅基量子点激光器、1太赫行波管、嵌入式芯片散热、二维材料合成等关键技术取得重大突破,有望大幅提升武器装备性能;另一方面,采取技术创新和依法治理等多种举措,积极应对元器件断档、伪冒和安全威胁,确保武器装备安全可靠。

一、五项关键技术研发取得突破,有望大幅提升器件及装备性能

(一) 美国研制出1纳米栅长的晶体管,有望延续摩尔定律

摩尔定律预言:当价格不变时,集成电路可容纳的晶体管数量,每隔18个月增加一倍,性能将提升一倍。因此,制出更小的晶体管,是半导体行业一直努力的方向。由于硅半导体的发展趋近物理极限,芯片性能的提升越来越困难。为克服硅的局限性,研究人员把目光瞄向了二硫化钼和碳纳米管等新型材料。

10月,美国能源部劳伦斯伯克利国家实验室利用碳纳米管和二硫化钼,成功制出目前世界上最小的晶体管,其栅极长度仅有1纳米,远低于硅基晶体管最小栅极长度5纳米的理论极值。这一重大突破不仅

有望延续摩尔定律,而且更重要的是,如果其投入使用,手机、计算机、通信、武器装备等产品,将实现更高的性能。

(二)英国研制出实用性硅基量子点激光器,向硅基光电集成迈出重要一步

硅基光电集成将光子器件和电子器件集成在硅晶片上,实现光的超快速度、极高带宽、高抗干扰特性与微电子技术大规模集成、低能耗、低成本等优势的有机结合,具有广阔的应用前景。目前,硅基光电集成的最大难点是缺少高性能、可集成片上光源。

3月,英国伦敦大学学院攻克半导体量子点激光材料与硅衬底结合过程中位错密度高的世界难题,研制出直接生长在硅衬底上的实用性电泵浦式量子点激光器,其波长1300纳米,室温输出功率超过150毫瓦,工作温度达120℃,平均无故障时间超过10万小时。硅基量子点激光器的问世,打破了光子学领域30多年没有可实用硅基光源的瓶颈,是硅基光电集成技术的重大进步,有助于解决大数据时代所面临的高速通信、海量数据处理和信息安全等问题。

(三)美国将行波管工作频率提高到1太赫,有望实现百吉比特量级的通信带宽

真空电子器件作为大功率源,在雷达、通信、电子对抗、遥测遥控和精密制导等武器装备中发挥着重要作用。4月,诺斯罗普·格鲁曼公司首次将行波管工作频率提高到1太赫。该行波管采用深反应离子刻蚀加工的折叠波导慢波结构,并在表面镀铜,以降低太赫兹波的传输损耗。测试表明,其在1.03太赫输出功率29毫瓦,在0.642太赫处实现最大输出259毫瓦,占空比0.3%,脉宽30微秒。该技术突破不仅给空间通信带来革命性影响,有望实现百吉比特量级的通信带宽,而且可进一步提高成像雷达分辨率。

（四）美国推出芯片嵌入式微流体散热片，有望解决芯片散热难题

随着芯片特征尺寸不断减小，集成度不断提高，电路速度不断加快，传统散热技术已无法满足芯片散热要求，散热问题已成为制约芯片发展的重大障碍。3月，在DARPA"芯片内/芯片间增强冷却"项目的支持下，洛克希德·马丁公司研制出芯片嵌入式微流体散热片，解决了制约芯片发展的散热难题。

芯片嵌入式微流体散热技术是在芯片内部制作微通道，通过向微通道注入液体，利用自然循环、泵送及射流等方式带走热量，实现芯片冷却技术。洛克希德·马丁公司研制的散热片长5毫米、宽2.5毫米、厚0.25毫米，热通量为1千瓦/厘米^2，多个局部热点热通量达到30千瓦/厘米^2。同常规冷却技术相比，可将热阻降至1/4，射频输出功率提高6倍。未来，嵌入式微流体散热片技术可应用于中央处理器、图形处理器、功率放大器、高性能计算芯片等集成电路，促进其向更高集成度、更高性能、更低功耗方向发展，显著提高雷达、通信和电子战等武器装备性能。

（五）美国率先合成二维氮化镓材料，有望催生新一代电子元器件

二维材料是指在一个维度上维持纳米尺度、电子只能在另外两个非纳米尺度上自由运动的材料，具有出众的电子和光学性能，在制备高性能电子元器件方面潜力巨大。2016年8月，美国宾夕法尼亚大学在国际上首次合成二维氮化镓材料。

测试结果表明，二维氮化镓材料禁带宽度达4.98电子伏特，远高于三维氮化镓（3.42电子伏特），具有更优异的抗辐照、耐高压、热传输等性能，将给电子元器件发展带来新的机遇。利用二维氮化镓材料，可制作大功率微波器件等电子器件及多光谱红外光电探测器、深紫外激

光器等光电器件。一旦用于军事领域,将大幅提升雷达探测、光电侦察、电子对抗等装备的战术技术性能。

二、断档、伪冒、安全威胁日趋严重,多措并举确保元器件使用保障

(一)元器件停产断档影响装备性能,美国军方积极应对

随着电子信息技术的飞速发展,电子基础产品更新换代越来越快,元器件停产断档问题已成为武器装备发展面临的重大挑战。为此,2016年美国国防部、海军、空军投入巨资予以应对。

4月,美国国防部微电子处同BAE系统、波音、洛克希德·马丁、诺斯罗普·格鲁曼、雷声等8家公司签订一份为期12年、价值72亿美元的合同,以应对电子部件停产影响,解决武器装备硬件和软件不可靠、难维护、性能欠佳等问题。7月,美国海军飞行系统司令部同洛克希德·马丁公司签订价值2.4亿美元合同,用于防范F-35联合战斗机电子元器件停产断档问题。10月底,美空军同BAE系统公司签订价值810万美元合同,升级"先进器件停产管理"预测工具,以预测分析飞机元器件停产断档时间及其影响,并安排替代源或对系统进行重新设计,确保空军飞机战技性能。

研究表明,微处理器、存储器、门阵列等军用电子元器件平均寿命周期是12.5年,而大多数武器装备寿命周期为40~90年,B-52轰炸机服役时间甚至超过94年。因此,如果不能有效解决元器件停产断档问题,将使武器装备性能和寿命周期大打折扣。

(二)伪冒元器件威胁犹存,修订法律与开发技术双管齐下

随着电子元器件供应链向全球化扩展,伪冒元器件大量进入美军武器装备,不仅增加装备研制时间和成本,而且导致装备可靠性逐年降

低甚至完全失效,并成为窃取信息、操纵系统的重要手段。为应对日益严峻的伪冒元器件问题,美国政府和军方自2011年以来采取制定法律、加强管理、防伪识别等一系列措施,但尚未完全杜绝伪冒元器件。

2016年2月,美国政府问责局报告指出,国防部在确保国防部门和承包商向政府-工业数据交换计划(GIDEP)平台提交伪冒元器件报告方面存在监管不力的问题,并提出加强监管的建议。8月,美国国防部发布并实施《国防采购条例补充规定》,要求国防供应商精心挑选元器件并验证其真实性,避免伪冒元器件在国防供应链泛滥成灾。

此外,DARPA于7月启动"国防电子供应链硬件完整性"项目第二阶段研发,投资730万美元开发以微型模片为核心的电子元器件自动鉴别技术,以全面杜绝伪冒电子元器件进入武器装备供应链,绝对防止军用电子元器件违规过量生产或重新封装移作他用等仿制活动。

(三) 硬件木马植入技术扩展至芯片制造阶段,芯片安全面临新的挑战

硬件木马是故意植入电子系统中的特殊电路模块,可在一定条件下触发运行,以达到入侵、监控、窃密与攻击目的。2016年6月,美国密歇根大学在不改变芯片电路设计情况下,在芯片制造阶段,通过改变掩膜版的方式植入硬件木马,并成功实施了远程攻击。

随着芯片设计与制造全球化进程的不断深化,硬件木马已成为芯片安全面临的重大威胁。该技术使硬件木马植入途径由芯片设计阶段延伸至芯片制造阶段,而且其具有比常规硬件木马具有更易实现、结构更小、更难检测、危害更大等特点,颠覆了既有安全防范措施的有效性,使代工制造面临新的安全风险,将给信息安全带来新的挑战。对于此类木马的防御,可信代工是个办法,其他手段尚在研究之中。

三、结束语

综合以上热点及我们对电子元器件领域发展态势的持续跟踪,可

以得出以下初步结论：

（一）一代器件，一代装备

美、英等发达国家高度重视发展电子元器件特别是核心军用电子元器件技术，并结合装备需求和技术推动，适时启动和应用氮化镓、碳化硅、微型原子钟等新一代元器件技术，以此作为其维持乃至加大装备技术（如防空反导雷达、下一代干扰机）"代差"优势的重要推手。

（二）面向全新体系，做好技术储备

美、英等发达国家在传统电子材料、器件、工艺、测试、封装、使用保障等电子元器件产业链基础上，全面结合石墨烯、碳纳米管等新材料，量子自旋、生物电子等新器件，光电集成、450毫米晶圆等新工艺，类脑芯片、电子血液等新理念，积极谋划面向未来装备需求的新型元器件技术发展，做好技术储备，以期为武器装备发展和提升效能提供更有力的支撑。

（三）芯片安全威胁日趋严峻，自主可控迫在眉睫

目前，硬件木马植入技术已经从芯片设计阶段延伸到芯片制造阶段，将来有可能扩展至芯片封装阶段，这将给芯片安全、武器装备安全乃至国家安全带来严重威胁。因此，如果不能在集成电路设计、制造和封装等环节实现自主可控，不仅安全隐患无穷，而且后果不堪设想。

专题二：美国积极应对军用电子元器件老旧和停产断档问题

随着半导体技术的快速发展，以集成电路为代表的电子元器件更新换代周期从3~5年缩短至2~3年，更新速度远大于国防项目平均132个月的采办周期，使得武器装备开发和演示期间选择的元器件在初始作战能力形成之前就面临过时的严重风险。

一、军用电子元器件老旧、停产断档面临的主要问题

电子元器件是构成现代化武器系统和电子信息装备的基础，其研发、生产和维护对武器装备的研制周期、采办成本、性能及整体作战能力保障至关重要。当电子元器件制造商或供应商停产某些武器装备所需电子元器件和原材料时，造成元器件和原材料短缺，对国防供应链和工业基础产生重大影响，进而使武器装备生产能力和全寿命保障支持等处于危险之中，影响作战运行和安全性。

军用市场需求变小，私营企业转向商用市场使军用电子元器件面临较大的老旧、停产断档压力。美国武器装备服役年限通常在20年以上，且近年来呈现出寿命周期延长的趋势。这些武器装备中使用了大量商用现货电子元器件，以集成电路为代表的电子元器件更新换代速度平均为2~3年。因此，武器装备维修保障面临着较大的电子元器件停产断档的压力。出于对国防预算削减的考虑，国防部门对商用现货产品需求重点发生变化，对军用电子元器件的需求不断下降，私营企业业务重点也逐步转向商用市场。

电子元器件技术和产品更新速度日益加快使武器装备从研制到生产都面临过时、停产断档的问题。美国指出："大量采用商用技术以及商用技术快速发展的现状可能难以为军事系统和武器装备提供可靠的及长期可支持性电子技术及产品。"技术的快速发展及商用元器件生产厂商迫于生存压力,可能会停产配套元器件转产他类技术更先进、性能更强大的元器件。因而,元器件的寿命相对型号武器装备的服役年限非常之短,届时与武器装备相配套的电子元器件可能早已不再生产。例如,集成电路用于民用时,定型产品的设计者随时会采用新设计和新器件并能使其转产,被更先进的产品所替代,如此快的产品更新换代周期却使负有维护军用电子装备责任的后防部门手足无措。

二、美应对军用电子元器件老旧、停产断档的主要措施

建立风险评估机制,发挥中央存储库平台作用。美国国防部在采办文件中指出要明确老旧元器件的鉴定规范,并能根据规范制定符合要求的老旧元器件替代计划。美国2014年国家国防授权法案要求国防部制定电子元器件老旧过时识别和替代流程,并确保国防部负责后勤和物资准备供应链集成的办公室负责管理此项事宜。

在信息数据交流方面,国防部利用作为中央储存库的政府-工业界数据交换数据库接收元器件制造商和原始设备制造商的停产断档元器件的通知,并向国防部和工业界私营部门发布公告,做好停产断档元器件的应急准备。

与元器件制造商和原始设备制造商在项目采办过程中随时发布元器件停产断档公告不同,哥伦布国防供应中心和政府维修处仅仅在维修阶段发布元器件停产断档公告。哥伦布国防供应中心联邦政府采购和供应处及国防后勤局物资管理的库存控制点,为电子元器件项目办公室提供停产公告,并协助确定应对老旧、停产断档电子元器件的解决方案。政府维修处则是在系统维护阶段元器件采购过程中,出现"无竞

标企业"或"元器件不可用"问题时发布内部政府警告,库存控制点将这些信息传送至服务工程机构用于老旧元器件的未来审查和分析。

利用后继市场制造企业,保留老旧元器件生产能力。元器件原始制造商授权后继市场制造企业经销和制造其停产产品。这些后继市场制造企业通过保有老旧元器件生产能力或留有库存等方式,维持停产断档元器件的生产。原始制造商将用于生产元器件的制造设备转移至后继市场制造商,后继市场制造商使用原始制造商的工具和 IP 生产,在不违反原始制造商知识产权、专利或版权的前提下,后继市场制造商通过对老旧器件进行仿真或逆向工程的方式,以符合制造商标准/规格制造所需元器件。

建立柔性代工线,实施关键元器件工艺储备。国防微电子处以"储存工艺而非库存"为发展模式,通过在雷声公司、英特锡尔、IBM 公司、霍尼韦尔公司、哈里斯公司等半导体制造商中采购二手设备、与制造商签署工艺授权协议、购买停产芯片版图的方式,创建了名为"半导体先进可重构制造"(ARMS)的柔性代工线,主要生产现役武器装备所需的大量老旧电子元器件,尤其是已停产芯片,如 F-22 战机的功率管理芯片,B-2 轰炸机防御管理系统用的集成电路和电路板,改进型海麻雀导弹的微处理器和接口芯片等,为国防部节省了上亿美元的费用。

为保留未来 90 纳米生产工艺,国防微电子处于 2010 年提出"持续发展的 90 纳米生产线"计划。在该计划下,2012 年国防微电子处获得 3000 万美元用于采购商业电子元器件制造商的 90 纳米生产设备,并同时引入商用设备提供商现有的生产工序及相关技术。国防微电子处与许多民用电子元器件供应商共同参与该计划,以保障未来军用 90 纳米器件的可靠供应。

三、启示

美国高度重视军用电子元器件过时、停产断档的问题,通过明确管理指南和流程,完善信息化管理平台,优化管理机构架构等措施,进一步保障了美军电子元器件的按需、按时供应,以及武器装备维修保障活动的顺利实施。

美国国防部已形成覆盖国防部业务局,以及包括海军水面系统司令部、空军物资司令部和陆军物资司令部在内的各军兵种有关电子元器件老旧、停产断档管理的指南、政策和流程体系,能够及时、有效地应对老旧、停产断档问题。

美国建立了多个元器件过时、停产断档管理信息化平台,包括国防元器件管理系统、政府-工业界数据交换数据库、元器件选用与推荐工具、联邦后勤信息系统等,为国防部、采办人员、设计人员提供元器件过时、停产断档的信息发布、制造商与供应商信息等内容,减少元器件产品的重复研发、设计费用,为实现行业信息共享,发挥集中效应,降低各承制单位信息成本提供有效的工具。

美国国防微电子处通过两种途径解决电子元器件过时、停产断档问题,一方面出版"实施元器件过时、停产断档管理的合同要求"、"解决过时、停产断档问题的费用问题"等报告和手册指南;另一方面还实行了柔性代工计划,通过生产各种过时、停产断档微电子器件等,解决军用武器系统中微电子的长期供应问题。国防部还成立"国防微电子处协调工作组",成员包括国防部和工业代表,通过合作寻找共同零部件过时、停产断档问题的解决方法。

专题三：后硅时代半导体技术发展蕴含战略机遇

作为战略性和先导性技术，半导体技术在达到5纳米特征尺寸后，将因硅器件失效而进入后硅时代。在后硅时代，需要着手发展利用量子效应的新兴器件，并在此基础上重建半导体技术体系。

一、美国将从两条路线同时发展后硅半导体技术

国际半导体技术路线图的主要任务在于凝练业界共识，提前15年研判产业发展需要克服的重大问题。根据该计划，美国将从两条路线同时发展后硅时代的半导体技术。

一是推动CMOS器件微细化逼近极限。2021年前后在CMOS特征尺寸达到5纳米时，硅材料的电子迁移率将达到应用极限。此后，将采用锗硅、铟镓砷、碳纳米管等高电子迁移率材料替代硅，发展非硅CMOS器件，推动其特征尺寸从5纳米经过3纳米、2.5纳米、1.8纳米，在2030年前后微细化至1.5纳米。

二是加速建立量子化的半导体技术体系。在量子机制发挥主导作用的深纳米尺度，必须发展利用量子效应的新兴器件，进而重构整个半导体技术体系。目前，美国已经确立将重点发展自旋逻辑开关、自旋忆阻器和固态量子位等三类新兴量子器件。围绕三类器件，在材料方面将寻找能够充分体现量子效应的二维纳米片、一维纳米线、零维量子阱等低维度材料；在芯片架构方面将发展与三类器件相对应的高容错数值计算、类脑计算、量子计算等新兴架构；在制造工艺方面将从光刻工艺向以纳米级自组装为代表的新兴工艺转变。利用量子效应的逻辑开

关器件,性能将比最后一代CMOS器件至少提升千倍,功耗降低千倍;忆阻器、量子位可支持神经形态计算和量子计算,将大幅拓宽信息技术的适用领域。

目前,非硅CMOS器件正处于从实验室向产业化转移的过渡阶段,而利用量子效应的新兴器件尚处于基础研究阶段,还远未成熟。进一步推动非硅CMOS器件微细化向极限逼近,可以为量子器件的成熟争取到充分的时间,尽最大可能确保其前后衔接、平稳过渡。

二、美国发展后硅半导体技术将借鉴已有的成功方案

美国半导体产业在长期发展过程中得出一条重要经验,即"从提出概念到实现产业化往往需要历经12年的时间"。企业通常仅考虑5年之内的发展问题,这远远超出单独企业的能力与意愿。为打破发展僵局,美国政府(特别是美国国防部)采取与产业界合作的形式,对等出资共同资助美国大学超前12年开展研究,为半导体技术与产业的长远发展铺平道路,彻底解决影响半导体产业发展全局的共性基础问题。

(一)实施政企合作,统筹设立计划

根据ITRS的预测,DARPA和IBM、英特尔等六大半导体领军企业,从最大程度塑造新的军事优势、提升产业核心竞争力角度设立研究计划,拟定研究主题,每年出资4000万~5000万美元开展研究。1998—2012年,设立了"重点中心研究计划",DARPA和企业共同确立120项主题,以解决未来8~12年阻碍CMOS微细化方面的理论难题;2013年起,该计划更名为"半导体技术先期研究网络计划",目前已设立32项主题,目标是解决未来12年阻碍新兴量子器件发展的理论难题。

为了缩窄研究范围,给新兴量子器件发展创造条件,美国国家科学

基金会、国家标准技术研究院,于2005年共同设立"纳米电子研究计划",旨在从上百种新兴器件中筛选2020年前后最有产业化前景的器件;2013年该计划进入第二阶段,国防部也加入其中,研究方向转移到体系结构、非逻辑器件和制造工艺等方面。

(二) 汇聚高校力量,开展联合攻坚

为攻克"重点中心研究计划"、"半导体技术先期研究网络计划"确立的研究主题,在政府机构和企业的资助下,美国大学"集中最优秀的头脑,解决最艰巨的挑战"。以"重点中心研究计划"为例,美国学界从材料、器件、电路、互联、系统等层面设立6家虚拟研究中心,汇聚全美49所大学的451名世界一流学者、近2100名博士和博士后,对120项研究主题开展协同攻坚,发表论文11000余篇,获得101项专利授予,其作用与影响受到政府和产业界广泛认可。

(三) 研究持续推进,助推产业发展

通过"重点中心研究计划"的实施,目前发展的鳍式晶体管技术已经产业化,成为IBM和英特尔公司推动半导体技术从22纳米硅CMOS向7纳米后硅CMOS发展的关键技术。该计划支持发展的三维集成、光互连、三五族化合物半导体沟道、碳纳米管晶体管、隧穿晶体管等技术,作为从5纳米向1.8纳米发展的关键技术,已经被纳入IBM和英特尔公司的发展路线图。

"半导体技术先期研究网络计划"实施三年来,正在持续地研究开发量子计算、受通信信息论启发的大数据信息处理、受大脑形态结构启发的认知计算等芯片核心架构;在此基础上,研制可将三类芯片核心异构集成的可扩展芯片架构,为搭建未来超级计算机奠定基础;研制集传感器、执行器、处理器、换能器、射频收发器于一体的城际智能物联网芯片架构,推动物联网与互联网智能融合。

专题四:美国首次合成二维氮化镓材料

2016年8月,在日本旭硝公司和美国国家科学基金会的共同支持下,美国宾夕法尼亚大学通过石墨烯辅助的"迁移增强包封生长工艺"(MEEG),在国际上首次合成二维氮化镓材料。该材料具备优异的电子和光学性能,禁带宽度达4.98电子伏特,远远高于三维氮化镓,更加适合制作抗辐射、高频、大功率和高密度集成的电子器件,将促进深紫外激光器、新一代电子器件和传感器的发展。

一、技术细节

二维材料是指在一个维度上维持纳米尺度、电子只能在另外两个非纳米尺度上自由运动的材料,具有出众的电子和光学性能,包括单原子层厚度、高载流子迁移率、线性能谱、高强度等,在制备高性能电子元器件和延续摩尔定律方面潜力巨大。

2004年,石墨烯的发现在全球掀起了二维材料研究热潮,磷烯、二硫属化合物等诸多二维材料相继问世。这些二维材料普遍采用两种制备方法:一是通过机械方法从片层堆积的三维固体中剥离,如利用剥离法制备石墨烯;二是通过化学、电化学方法从三维材料外延生长出来,如利用化学气相沉积法制备二硫化钼。但由于氮化镓为四面体配位状态的锌矿结构,不具备多层结构,因此无法利用以上方法制备二维氮化镓材料。

宾夕法尼亚大学采用"迁移增强包封生长工艺"合成了二维氮化镓材料,其制作过程是:首先,将碳化硅基底加热,使其表面的硅升华,利用剩下的富碳表面构建石墨烯结构;其次,通过加氢,使表面未饱和的悬挂键钝化,形成双原子层石墨烯,通过这种方式生成的石墨烯层与碳化硅基底的接触界面完全平滑;再次,注入三甲基镓并加热,使其分解形成镓原子,镓原子穿过石墨烯层,嵌入到石墨烯层与碳化硅基底的夹层中;最后,注入氨,通过氨的分解作用生成氮原子,氮原子以同样的方式进入夹层,与其中的镓原子反应,生成二维氮化镓材料。通过高角度环形暗场-扫描透射电子显微镜观察到,合成的二维氮化镓由两个单层组成,位于碳化硅基底与石墨烯夹层之间(图3)。若没有石墨烯包封层,最终只能形成三维氮化镓材料。此次合成的二维氮化镓材料具有p型半导体特性,直接带隙为4.98电子伏特,远远高于三维氮化镓的3.42电子伏特。

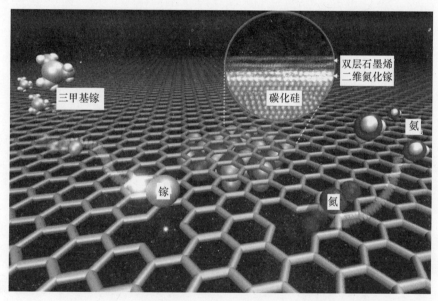

图3 采用迁移增强包封生长工艺合成二维氮化镓示意图

二、影响意义

二维氮化镓材料属于超宽禁带半导体材料,具有电子迁移率高、击穿电压高、热导率大、抗辐射能力强、化学稳定性高等特点,将给电子元器件发展带来新的机遇。利用二维氮化镓材料,可制作大功率微波器件等电子器件及多光谱红外光电探测器、深紫外激光器等光电器件。一旦用于军事领域应用,将大幅提升雷达探测、光电侦察、电子对抗等装备的战技性能。

专题五：美国首次在芯片制造过程中植入模拟恶意电路

2016年6月，在DARPA和国家科学基金会支持下，美国密歇根大学首次在开源OR1200处理器制造过程中植入模拟恶意电路，通过远程控制实施攻击。该模拟恶意电路比传统数字恶意电路小2个数量级，具有易于实现、难以检测、工作隐蔽、危害极大等特点。这项技术使芯片潜在安全风险来源从设计阶段延伸至制造阶段，给芯片安全带来新的挑战。

一、技术细节

恶意电路是故意植入电子系统中的特殊电路模块，可在一定条件下触发运行，以达到入侵、监控、窃密与攻击目的。随着芯片设计与制造全球化进程的不断深化，恶意电路已成为芯片安全面临的重大威胁。以往所知的恶意电路都是在芯片设计阶段植入的，密歇根大学在不改变芯片电路设计情况下，在芯片制造阶段，通过改变掩膜版的方式植入恶意电路，并在开源OR1200处理器上进行了恶意电路植入和攻击试验。模拟恶意电路占OR1200处理器面积不到0.08%，由触发电路和攻击电路两部分组成。芯片工作时，攻击者通过网络远程向恶意电路发布特定指令，触发电路中的电容通过感应临近电路的泄漏电流自行充电，当电容电荷累积达到阈值时，触发逻辑门电路发生翻转，启动攻击电路，完全控制芯片，从而攻击依赖于该芯片的计算机系统。试验表明，在 $-25 \sim +100$℃ 范围内均能触发远程攻击。

二、技术特点

密歇根大学研制出的模拟恶意电路主要有四个特点：

一是易于实现。集成电路生产线或代工厂的工程师只需掌握一定的集成电路知识，通过分析目标芯片设计文件，借助计算机仿真工具，找到芯片版图中符合要求的空隙，再略微修改版图，在芯片制造流片时植入恶意电路。上述过程可由一名工程师私下完成，且无需改变任何制造工艺。

二是难以检测。当前芯片中有高达上亿级的逻辑门电路，该模拟恶意电路尺寸比数字恶意电路小2个数量级，仅占微处理器总电路门数的十万分之一，可隐藏在任何狭小的空隙处。在进行常规测试时，由于恶意电路并不在原有芯片设计中，通过设计好的测量向量，如芯片功耗、温度、延时等参数，并不能够测试出恶意电路的存在。并且，该恶意电路只有在接收到特定指令后，电容值才达到门限，功能才被触发，电容电压平时处于近零状态，现有检测技术几乎无法发现。

三是工作隐蔽。该恶意电路利用晶体管泄漏电流或邻近金属布线电流感应的电荷累积来触发，而不是基于特定的逻辑功能，这种触发机制极为隐蔽。当实施攻击后，恶意电路又重置为非激活状态。

四是危害极大。该恶意电路可通过控制处理器获取系统的最高控制权限，可以操控系统，如控制计算机、关闭雷达或使制导出现偏差等。此外，该技术可以复制用于所有大规模集成电路，且对常用的X86、ARM等规模更大的处理器更容易实现，并可灵活配置恶意功能。从技术上讲，目前该模拟恶意电路可以攻击武器装备和基础设施等各个领域(图4)。

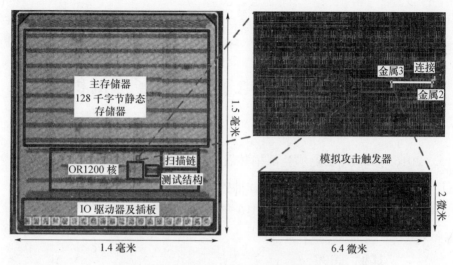

图 4　在 OR1200 处理器中植入模拟恶意电路

三、影响意义

该技术标志着通过第三方代工厂的新攻击入口已经打开,模拟恶意电路植入和攻击方式可广泛适用于各种集成电路,是信息系统安全必须防范的新威胁,同时也对集成电路安全检测提出新的挑战。此外,在制造过程中植入模拟恶意电路,使芯片潜在安全风险来源从设计阶段延伸至制造阶段,颠覆了既有安全防范措施的有效性,使代工制造面临新的安全风险。

专题六：美国开发出电子增强原子层沉积技术

2016年7月,在爱尔兰都柏林召开的第16届国际原子层沉积大会上,美国海军研究实验室、国家标准技术研究院合作开发的电子增强原子层沉积技术被评选为六个"2016年技术亮点"之一。

一、基本原理

原子层沉积技术是一种在速率可控的条件下,通过前驱气体和反应气体选择性地脉冲进入加热反应器到达衬底,在其表面发生物理和化学吸附或者表面饱和反应,将物质以单原子膜的形式沉积在衬底表面的方法。

电子诱导脱附是指固体表面的吸附分子因受到电子激发或离解而引起的脱附现象。利用入射电子将固体表面吸附的分子由低能态激发到高能态,从而破坏吸附分子在固体表面的平衡,加剧吸附分子之间的相互碰撞过程,使得分子克服固体表面的位垒解吸到真空中。因此,即使是较低能量的入射电子,也可以引起吸附分子的大量脱附现象。

电子增强原子层沉积技术是电子诱导脱附和原子层沉积技术的结合。利用入射的荷能电子束使材料表面吸附氢原子脱附,产生悬空键。这些悬空键易于吸附反应物,从而促进材料表面化学反应,生长出薄膜。此外,通过调整入射电子的能量及入射角度,可选择性地使某些分子脱附。与原子层沉积技术相比,采用电子诱导脱附的电子增强原子层沉积技术可以降低分子脱附的反应温度,从而实现热敏感基材用于层压材料(如钼/硅多层材料)的生长。

二、发展现状

美国国防高级研究计划局2012年启动"材料合成局部控制"项目，旨在寻求各类军用光学及先进电子设备使用的先进薄膜材料和表面涂层，并提高超薄薄膜的制造精度。

2016年7月，美国科罗拉多大学、海军研究实验室、国家标准技术研究院在该项目的支持下，合作开发出电子增强原子层沉积技术，用于在室温下合成超薄材料。研究人员已经利用该项新技术在室温下制备出硅和氮化镓超薄膜，展示了室温沉积以及可控蚀刻特定材料的能力，有望实现薄膜的三维空间精确控制。目前，科罗拉多大学专门建立了沉淀实验室来展示电子增强原子层沉积技术，不断调整工艺参数，以更好地在三维空间控制膜的组分和性能，并将此工艺用于更大尺寸晶圆衬底，且一次性处理多个晶圆。

三、应用前景

涂覆层、薄膜、先进表面对系统和器件至关重要。尽管薄膜制备技术已经研究了几十年，但仍无法通过控制毫米级材料及其属性实现表面沉积原子。现有方法合成超薄材料需要800℃或更高的温度，许多组件在高温条件下会失去其关键功能，不能实现超薄材料的生产应用。电子增强原子层沉积技术实现了室温条件下用电子选择性地除去(蚀刻)沉积材料，有望提高超薄薄膜的质量。该技术可在商用的6英寸硅晶片上沉积或蚀刻由多种材料构成的膜，替代传统的掩膜方法。此外，电子增强原子层沉积技术不仅可以用来集成不兼容的材料，而且可更普遍地在原子尺度构建和蚀刻器件体系结构，开辟了薄膜微电子学的新路径。

专题七：英国首次研制出实用性硅基量子点激光器

2016年3月，英国伦敦大学攻克了半导体量子点激光材料与硅衬底结合过程中位错密度高的世界难题，研制出直接生长在硅衬底上的实用性电泵浦式量子点激光器。该激光器波长为1300纳米，阈值电流密度62.5安/厘米^2，室温输出功率超过150毫瓦，可在120℃高温下工作10万小时以上，使硅基光电集成成为可能，有望帮助实现计算机芯片内、芯片间、芯片与电子系统之间的超高速通信。

一、研发背景

随着微电子器件的尺寸日益逼近物理极限，硅集成电路的发展面临巨大的挑战和机遇。硅基光电集成将光子器件和电子器件集成在硅晶片上，把CMOS工艺兼容的激光器、光调制器、光波导、光探测器等组件集成到微电子电路上，从而实现硅基光电集成。它实现光子器件高传输处理速度、高传输带宽、高抗干扰特性与电子学器件大规模集成、低能耗、低成本等优势的有机结合，是解决电互连数据速率低、串扰现象严重等"瓶颈"的有效手段，有望给信息产业领域注入新的生机和活力。然后，由于硅是间接带隙半导体，不具备良好的发光特性，因此，实现硅基光电集成的首要任务是实现硅基高效率发光的激光源。

量子点激光器在有源区采用Ⅲ－Ⅴ族（如砷化铟、砷化镓）量子点材料，同量子阱激光器相比，具有阈值电流密度低、发光效率高、特征温度高、寿命长、体积小、功耗和成本低等优势，成为硅基光电集成的首选激光源。但由于硅和Ⅲ-Ⅴ族量子点材料晶体结构不同,在硅衬底上生长Ⅲ-Ⅴ族量子点材料存在着极性不同、晶格失配和热膨胀系数等差异,导致其生长遇到反相畴、穿透位错和微裂缝等缺陷问题,因此限制了硅基Ⅲ-Ⅴ族量子点激光器的发展。

二、技术细节

为解决这些问题,研究人员采取以下技术策略:第一,采用具有4°斜切角、晶向为100的掺磷硅衬底,以抑制反相畴。第二,在350℃使用迁移增强外延生长方式制备超薄的砷化铝成核层,显著地抑制位错的三维生长,为Ⅲ-Ⅴ族材料在硅表面生长提供高质量界面。第三,在砷化铝成核层之上,采用三阶段生长模式,在350℃、450℃和590℃分别生长30纳米、170纳米和800纳米厚度的砷化镓,可将大部分反相畴限制在200纳米区域以内,但仍有高密度穿透位错(约为1×10^9/厘米^2)向有源发光区域衍生。第四,采用4个带有应力的超晶格结构作为位错过滤层,每个位错过滤层由5个周期的10纳米铟镓砷/10纳米砷化镓超晶格结构构成,过滤层之间由300纳米厚砷化镓隔开,可将位错密度降低到1×10^5/厘米^{2}左右。第五,在每个位错过滤层生长过程之后,在660℃进行6分钟的高温退火,以进一步提高位错过滤层的过滤效率,最终实现位错密度低至10^5/厘米^{2}量级(图5)。

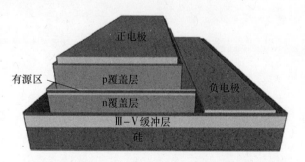

图5 硅基砷化铟/砷化镓量子点激光器结构示意图

三、影响意义

硅基量子点激光器的问世,打破了光子学领域30多年没有可实用硅基光源的瓶颈,是硅基光电集成技术的重大进步。该技术突破有助于实现计算机芯片内、芯片之间、芯片与电子系统间的超高速通信,进一步促进高速光通信、量子通信技术的发展,有效解决大数据时代所面临的高速通信、海量数据处理和信息安全等问题。

专题八:欧洲"石墨烯旗舰"项目进入第二阶段

2016年4月20日,欧洲"石墨烯旗舰"项目官网宣布,该项目已进入第二阶段,主要目标是推动石墨烯和相关二维材料的研究从实验室走向应用。项目官网还公布了第一阶段取得的8项代表性成果。

一、项目基本情况

2013年10月,为汇集和加强石墨烯的研发力量,欧盟委员会在"未来新兴技术(FET)旗舰"计划下,设立并启动了"石墨烯旗舰"项目,项目研发周期超过10年,投资超过10亿欧元,其中50%的资金由欧盟提供。

"石墨烯旗舰"项目分两个阶段:第一阶段为"爬坡期",为期30个月(2013年10月1日—2016年3月31日),由欧盟"第七框架协议"(FP7)提供资金支持,欧盟总投资额为5400万欧元。该阶段重点关注石墨烯在信息通信技术、交通、能源和传感器领域的应用。第二阶段为"核心期"(2016年4月1日起),由欧盟"地平线2020"计划提供资金支持,欧盟年投资4500万欧元。

二、项目第一阶段的代表性成果

项目启动时,参研单位来自17个国家的76个学术和产业界机构,被划分为16个研究组(11个组负责科学技术研究,5个组负责项目管理、技术转移等)。第一阶段结束时,参研单位增至152个,研究组增至

20个。从第一阶段成果中选出的8项代表性成果,参见表5。

表5 "石墨烯旗舰"项目第一阶段取得的8项代表性成果

研究成果	研究组	主要进展	研究意义
石墨烯与神经元	健康和环境	未经处理的石墨烯可以和神经元细胞相互作用,并保证神经元细胞的完整性	石墨烯未来有望用于制造大脑植入物,以实施大脑控制
石墨烯压力传感器	传感器	研发出了小型、可靠、高效的挤压薄膜压力传感器,传感能力是现有硅基器件的45倍,尺寸则减小了25%	显著增加了传感能力和寿命,减小了体积,在移动手机和可穿戴设备等领域应用前景巨大
光滑石墨烯	纳米复合物、材料、健康和环境	石墨烯纳米带在物体表面滑行时,展现出了超润滑特性	预示着研发纳米石墨烯光滑涂层的可能性
石墨烯皮划艇	产品	研制出首个基于石墨烯材料的皮划艇,在热固性聚合材料中加入了石墨烯,改进了船身最重要区域的抗断裂能力	皮划艇通过了比赛的考验,石墨烯应用范围扩展到传统行业之外
石墨烯制造	产品	使用旋转工具以类似厨房搅拌机的工作方式,在液体中实现了石墨薄片的分离	为低成本、大批量生产高质量石墨烯铺平道路,推进石墨烯更广泛地应用
柔性显示	柔性电子	展示了世界上首个像素背板含石墨烯的柔性显示器	具有低功耗、长寿命等优点,适用于多种环境
石墨烯纤维光学	光电	展示了基于晶圆级石墨烯的红外光纤通信系统用高性能光探测器	在增加信息传输总量的同时,减小器件的体积和成本
石墨烯可充电电池	能源	将悬浮着石墨烯纳米片的墨水嵌入至电池正极,研发出相应的锂离子可充电电池	能量转换效率提升20%
		采用多孔、松软由石墨烯和添加剂构成的电极,研发出锂氧电池	具有高能量密度、高能效和高稳定度等优点,能量转换效率超过90%,可重复充电超过2000次

三、项目第二阶段工作简介

目前该项目处于第二阶段的"核心 I 期"（2016 年 4 月 1 日—2018 年 3 月 31 日），研究重点包括：

（1）将石墨烯应用于更多领域，如用于柔性可穿戴电子设备和天线、传感器、光电子器件和数据通信系统、医疗和生物工程技术、超高硬度复合材料、光伏和能源存储等；

（2）对包括聚合物、金属、硅等在内的更多二维材料进行研究，并将这些材料与石墨烯复合堆叠形成自然界不存在的新材料。

研究人员希望这些材料的特性可按需设置，挖掘更多应用。在第二阶段，项目将设立新的研究组，主要从事能量产生、功能泡沫和涂层、生物医疗应用、晶圆级系统集成等领域的研究。

四、影响分析

欧盟希望通过"石墨烯旗舰"项目调动全欧洲乃至全球的石墨烯研发和产业化能力，将石墨烯技术打造成欧洲的绝对优势，以抢占石墨烯等二维结构材料在新一代电子信息技术中的发展先机。

专题九：美国组建新的微电子长期研究计划

2016年11月18日，由DARPA和美国半导体骨干企业组成的"半导体研究联盟"发布公告，宣布将组建对2025年之后微电子技术开展研究的"大学微电子联合计划"。该计划是美国对原有微电子长期性研究计划的延伸与加强，被寄望为美国在2025—2030年期间的军事与经济发展带来机遇。

一、计划概述

"大学微电子联合计划"由DARPA和美国半导体骨干企业联合组织实施，两者分别从军事和产业战略发展考量，要求美国国内大学组建跨学科的校际综合性研究中心，集中优势资源，解决制约微电子技术长远发展的共性基础问题。

"大学微电子联合计划"和通常意义的DARPA计划存在诸多不同。首先，执行时限不同，该计划执行期长达8~12年，而通常的DARPA计划执行期一般不超过4年；其次，资金来源和投资力度不同，该计划由DARPA和IBM公司、诺斯罗普·格鲁曼公司、美光公司、英特尔公司等美国半导体骨干企业共同提供资助，计划启动后5年内的研究经费高达1.5亿美元，而通常计划的资金完全由DARPA提供，计划总经费也仅限于数百万至数千万美元；再次，影响范围不同，尽管DARPA牵头的研究计划均注重颠覆性影响，但该计划的影响涉及全局，意在使广泛领域的电子系统在性能、效率和能力上普遍获得实质性提高，或带来无可匹敌的军事技术优势，或提供独一无二的经济竞争力,与之相比,通常的 DARPA 计划更注重在单一的技术领域带来突破,其影响仅限于局部。

二、计划构成

目前,"大学微电子联合计划"包含六个研究中心,分别对应支持六个研究主题,并采用横向研究中心和纵向研究中心形式促进理念融合。

(一)纵向研究中心

纵向研究中心的研究目标以应用为导向,关注产业面临的关键问题,主要解决跨越多个领域的科学和工程问题,以实现突破性的技术和产品。此类研究中心将创造出能力超出现有产品的复杂系统,并在5年内做好技术转化准备,在10年内完成技术转化。纵向研究中心关注的主题包括以下四个:

1. 从射频到太赫兹的传感器和通信系统

该主题涉及射频传感器和射频通信系统两大相关领域。这些系统工作在微波、毫米波或太赫兹频率,对军事、工业、科学、医疗和消费类应用提供支持。为了克服垂直集成所需要克服的应用问题,相关研究中心必须推动对材料、器件、组件、电路、集成与封装、连接、架构以及算法的研究取得突破性进展,以便高效实现射频信号的生成、调制、操控、处理、通信(收发)、传感与探测。

2. 分布式计算与网络

该主题将对需要分布式计算的政府、国防、商业以及社会提供支持。和该主题相关的研究中心需要实现极大规模的分布式架构,特别是由一个传感器/执行器层和多个聚合层构成的包含多层有线和无线连接的异构网络系统。该主题将以数字化计算为重点。所有网络层次都必须具有高扩展性,异构形式将在单一网络层次内部和所有网络层次之间同时存在。

3. 认知计算

该主题寻求实现具有层次化学习能力，能够执行推理、有目的制定决策并能同人类进行自然交互的计算系统解决方案。研究将探索模拟计算、随机计算、受香农信息论启发的计算、估计计算以及类脑计算等多种模型替代冯诺依曼模型，构建认知计算系统。此外，该主题所发展的技术应能通过对编程范式、算法、架构、电路和器件方面的改进而在性能、能力和能量效率方面带来根本性改善。

4. 智能化存储器与存储

该研究主题寻求研究一种整体性的垂直集成方法，以实现高性能的智能存储系统。相关技术包括操作系统、编程模式、存储管理技术以及原型系统架构。该主题的研究重点是建立一个操作系统框架，能够基于系统配置参数、程序员预设和系统当前状态对系统运行时间进行优化。

（二）横向研究中心

横向研究中心对特定学科或特定类别学科开展基础研究，构建专业知识，以创造 DARPA 和产业界感兴趣的颠覆性突破。此类研究中心将识别并加速传统 CMOS 器件之后的新技术发展进程。横向研究中心关注的主题包括以下两个：

1. 先进架构与算法

该主题解决实现新兴计算、通信和存储所需集成电路和先进架构的物理实现问题，也涵盖以应用导向研究中心的研究内容。该领域的研究中心需要发展采用新兴器件的可扩展异构体系结构。新兴体系结构将衔接硬件与算法。相关研究中心也将解决设计和集成方面的挑战性问题，包括包含片上和片外加速器的系统、数据内及数据旁计算、非传统计算。利用新兴协同设计衔接体系结构与算法，以将最优化、组合学、计算几何、分布式系统、学习理论、在线算法、加密方法等涵盖在内。应采用建模和软件创新为硬件实现或大规模普及消除障碍。

2. 先进器件、封装与材料

该主题基于新材料和非常规合成方法,解决各种有源和无源器件、互联以及封装概念问题。相关技术被用于支持下一代突破性计算范式(包括模拟)、信息感知、处理与存储,并提供更强的可扩展性和能量利用效率。新材料和器件将提供新功能和特性,增强和/或超过传统半导体技术,并有望支持新兴的三维方案。材料开发、器件演示以及可行的工艺集成都被涵盖在内。实验验证以及从头开始的材料和工艺模型都被期待。

专题十：美国硅光子神经网络问世

2016年11月，美国普林斯顿大学在美国国家科学基金会"基于集成光路的盲源分离"项目支持下，研制出全球首个硬件形式的硅光子神经网络。在实验中，该光子系统的信息处理能力比电子系统提高了三个数量级。这一突破，有助于在电磁频谱对抗方面建立绝对优势。

一、解决了盲源分离用数据处理能力面临的瓶颈问题

盲源分离，是从观测到的混合信号中将未知源信号分离出来的一项技术，是阵列天线信号处理领域的一个基本问题。在复杂的战场电磁环境中正确辨识出感兴趣的信号，有助于提高电子侦察能力、电子对抗能力和通信抗干扰能力，对形成电磁频谱空间的作战优势具有重要意义。

目前，结合神经网络的盲源分离方法已经被广泛运用。然而，随着无线电频率应用向更高频段延伸以及阵列天线规模的不断扩大，采集到的数据量呈现出爆发式增长态势，传统计算机的带宽和处理能力已经无法满足数据处理需求，开始成为限制盲源分离技术发展的瓶颈。尽管未来的神经形态计算系统能够提供多个数量级的计算性能提升，但需要从材料、器件、计算体系结构等方面彻底重构，达到应用阶段普遍认为还需要10年以上的发展历程，无法满足盲源分离对计算能力的迫切要求。

二、填补了现有计算与未来计算之间数据处理能力的空白

反馈光路与神经网络具有数学同构性,是发展硅光子神经网络的关键。普林斯顿大学研究人员的这一发现,使硅光子神经网络能够将神经网络所具有的高并发能力,同硅光子技术所具有的高数据传输带宽、与硅半导体工艺兼容等特点结合起来。

和现有计算系统相比,硅光子神经网络以硬件方式执行神经网络算法,计算速度更快;和未来的神经形态计算系统相比,硅光子神经网络虽速度不及,但无需过多关注器件和体系结构实现方式。在神经形态计算性能虽好但一时不敷使用的情况下,该技术能够利用神经网络,在底层硬件和应用之间即刻搭建起桥梁,填补数据处理能力的空白。

研究人员在评测过程中,用包含49个节点的硅光子神经网络对某种微分方程的功能进行模拟,其性能比以英特尔公司最先进I5微处理器为核心的台式计算机高出1960倍,实现了概念验证。

三、将对赢得电磁频谱空间对抗优势带来深远影响

硅光子神经网络将从三方面对电磁频谱空间对抗构成影响。一是盲源分离技术的适用范围有望从微波扩展到毫米波乃至太赫兹波,增强高频雷达对微弱信号的辨识能力;二是大量低频域的神经网络算法和工具能立即移植于更高频域,使频谱对抗能力能够迅速形成;三是对高频信号的实时分析将成为可能,有望从根本上改变电磁频谱对抗形态。

四、美国军方已从两方面布局未来发展

硅光子技术的工艺集成度和神经网络模型复现人脑信息处理方式

的精准度，是制约硅光子神经网络处理能力的两大因素。其中，处理能力在短期内主要受工艺集成度制约，而神经网络模型则长期制约着处理能力的提高。短期，DARPA已经实施"光电混合集成"、"光学优化嵌入式微处理器"、"超级性能纳米光子片内通信"、"近距宽场灵活电驱光发射器"、"光网络中的数据"、"光电集成电路"等项目，从构建器件标准库、发展集成光路设计工具、提高工艺控制能力等方面不断提高相关能力。长期，美国政府统筹"国家纳米计划"、"脑科学研究计划"、"国家战略计算计划"等三大国家级计划，实施"由纳米技术推动的未来计算大挑战计划"，在更精准神经网络模型基础上发展神经形态计算，推动其在2025—2030年的时间内实现产业化。

专题十一:美国洛克希德·马丁公司推出芯片级微流体散热片

2016年3月,洛克希德·马丁公司在DARPA"芯片内/芯片间增强冷却"项目支持下,研制出芯片级微流体散热片,可使芯片热阻降至1/4,射频输出功率提高6倍,对于克服制约芯片发展重大障碍,提高电子战、雷达、高性能计算及激光器的功率和性能具有重要意义。

一、嵌入式冷却技术可有效克服当前制约芯片发展的重大障碍

随着芯片集成度和功率的不断增加,特别是三维堆叠芯片的快速发展,传统的热传导散热方式已无法满足散热需求,成为制约芯片发展的重大障碍,嵌入式冷却技术应运而生。嵌入式冷却技术有两个途径:一个是芯片内冷却,即直接在芯片内部制作微通道和微孔;另一个是芯片间冷却,即利用3维堆叠芯片之间的微小间隙制作微通道。向微通道注入液体,通过自然循环、泵送及射流等方式,冷却芯片。同风冷散热相比,嵌入式冷却方法可显著扩大芯片的有效液冷面积,使散热效率提高近60%(图6)。

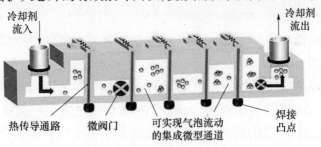

图6 芯片内/芯片间增强冷却概念示意图

"芯片内/芯片间增强冷却"项目2012年启动,开发具有革命性意义的嵌入式冷却技术,应用目标包括:

(1)用于氮化镓射频单片微波集成电路功率放大器,热通量1千瓦/厘米^2,过热点热通量超过15千瓦/厘米^2,整体散热密度超过2千瓦/厘米^3;

(2)用于高性能嵌入式计算机模块,热通量1千瓦/厘米^2,过热点热通量达到2千瓦/厘米^2,芯片堆栈散热密度达到5千瓦/厘米^3。洛克希德·马丁公司和乔治亚大学分别针对上述两个目标开展研究。

二、微流体散热片技术将进一步提升芯片乃至装备性能

洛克希德·马丁公司此次推出的芯片级微流体散热片长5毫米、宽2.5毫米、厚0.25毫米,热通量为1千瓦/厘米^2,多个局部热点热通量达到30千瓦/厘米^2。同常规冷却技术相比,可将热阻降至1/4,射频输出功率提高6倍。目前,洛克希德·马丁正与Qorvo公司合作,将嵌入式冷却技术与高性能氮化镓器件的集成,消除散热障碍,充分发挥其性能优势。此外,该公司正在利用芯片级微流体散热片技术开发全功能发射天线原型,以提高其技术成熟度,为该技术在未来电子系统的应用奠定基础(图7)。

图7 洛克希德·马丁公司推出的芯片级微流体散热片

芯片级微流体散热片技术有望解决当前芯片散热的难题,应用于中央处理器、图形处理器、功率放大器、高性能计算芯片等集成电路,促进其向更高集成度、更高性能、更低功耗方向发展,显著提高雷达、通信和电子战等武器装备的性能。例如,该技术可使氮化镓晶体管栅长缩短50%、线性功率密度提高5倍,输出功率提高10倍,进而使电子攻击和雷达作用距离分别增加3.1倍和1.7倍。

网络空间篇

专题一：美国五大措施推进网络空间安全能力建设
专题二：欧盟出台首份《网络与信息系统安全指令》
专题三：美国白宫出台《网络空间安全国家行动计划》
专题四：美国加快网络攻防技术发展和实战应用
专题五：俄罗斯推进统一信息空间建设的政策措施分析
专题六：美国多措并举应对武器装备网络安全挑战
专题七：美国《联邦网络安全研发战略计划》解析
专题八：美国DARPA"网络大挑战"项目研究取得突破
专题九：英国发布《国家网络安全战略2016—2021》
专题十：美国互联网瘫痪事件专题分析
专题十一：美国采取措施防范智能手机等移动设备泄密
专题十二：美国加强社交媒体安全保密管理
专题十三：美军尝试将区块链技术应用于军事领域

专题一：美国五大措施推进网络空间安全能力建设

2015年12月以来，美国密集出台《网络威慑战略》、《网络空间安全国家行动计划》、《联邦网络空间安全研发战略规划》、《网络空间安全规程实施计划》、《美国网络事件协调》等一系列重要文件，顶层规划网络空间安全能力建设，从网络空间安全战略、管理、作战、基础设施防护、应急响应等角度，提出操作性强的细化措施，确保网络空间领先优势，为国家安全提供有力支撑。

一、出台背景与战略概况

网络空间已渗透到美国政治、经济、文化、军事等各领域，在为美经济发展带来极大效益的同时，也给其国家安全、经济安全带来巨大威胁。奥巴马上任伊始，就将网络空间安全列为美国面临的最重要挑战之一，经过几年的快速发展，美国已构建了网络空间核心战略体系，明确了网络空间战略目标。但是，美国在战略发展过程中仍然存在一些问题，如美国政府各机构、各级指挥官和主管人员在网络安全战略中的角色、责任和行动不够清晰，同时战略缺乏可操作性、不容易落实。在这一背景下，2015年12月以来，美国先后出台了多份重要战略文件，进一步明确机构职能，加快推进网络空间战略具体落实。

（一）《网络威慑战略》

2015年12月，美国白宫向国会提交《网络威慑战略》，初步规划了美国"网络威慑"战略的实施路线图，强调以多元化手段实施网络威胁，以降低网络攻击者的攻击意愿。在2015年4月出台的《国防部网络战略》中，美国首次明确提出"构建网络威慑态势是美军网络战略的关键目标"，体现出美国通过战略威慑降低网络威胁的思想。《网络威慑战略》与《国防部网络战略》中有关"网络威慑"的战略思想一脉相承，为如何实现"网络威慑"指出了方向。

（二）《网络空间安全国家行动计划》

2016年1月，美国白宫出台《网络空间安全国家行动计划》，宣布美国近期将在网络空间安全领域开展一系列行动，以提升美国网络空间安全态势感知、安全防护、隐私保护能力。美国国防部、国土安全部、商务部、财政部、能源部、司法部等机构都将参与落实行动规划。《网络空间安全国家行动计划》的出台恰逢美国人事管理办公室档案泄露、国税局税务记录信息泄露等安全事件频发之际，体现出美国政府急切解决本国网络空间安全问题的意志。

（三）《联邦网络空间安全研发战略规划》

2016年2月，美国国家科学技术委员会（NSTC）发布《联邦网络空间安全研发战略规划》。该规划是对2011年12月《可信网络空间：联邦网络空间安全研发战略规划》的更新和扩展，明确提出联邦政府要重点资助基础性和长期性研发工作，大力推动政府和私营部门在网络安全研发领域的合作，着力促进网络安全研发成果向实际应用转化，积极推动掌握多领域知识的网络安全人才建设。该规划是统筹美国网络空间技术发展的纲领性文件，明确了未来15年联邦网络安全技术研发的短、中、长期方向，有助于美国保持网络空间安全技术研发优势，将为美国实现"网络威慑"战略目标奠定技术基础。

（四）《网络空间安全规程实施计划》

2016年3月，美国国防部正式对外公布《网络空间安全规程实施计划》,该计划是美国军事网络加强网络安全战备、提高网络防御能力的执行手册,明确了美军各级指挥官和主管人员必须对照执行的内容,是强调执行性、操作性、强制性的具体落实措施。《网络空间安全规程实施计划》对实现《国防部网络战略》提出的"防卫国防部信息网络、保证国防部数据安全、降低国防部任务风险"战略目标至关重要。同时,该计划也呼应了《网络空间安全国家行动计划》中关于提高关键信息基础设施安全、加强个人身份验证等内容。

(五)《美国网络事件协调》

2016年7月26日,美国白宫出台一项新的总统政策指令《美国网络事件协调》(PPD-41),旨在明确联邦政府相关机构在遭受网络攻击时的职责,建立政府应对重大网络事件的协调体系和响应机制,是提升联邦政府网络空间安全能力的重要举措。该指令补充和完善了2011年3月的总统政策指令《国家准备》(PPD-8),继承了美国2016年《网络空间安全国家行动计划》中提出的"要从机构建设、安全管理、资金投入、技术研发等领域采取多元化手段,重点加强政府对网络事件的协调与响应能力,以提升联邦政府的网络安全管理水平"的思想。

二、主要推进措施

上述战略文件是美国推进网络空间战略目标落实的重要文件,对这些文件进行分析可以看出,美国主要从以下五个角度提出了具体措施:

(一)明确战略思想,构建网络威慑能力

网络威慑是指向敌方展示己方应对网络攻击的能力和决心,加大敌方网络攻击成本和承担后果,从而影响敌方决策,降低攻击意愿,最终实现国家安全。美国已将网络威慑思想提升为国家顶层战略,明确

了其能力主要构建途径：一是提出网络空间安全领域的短、中、长期技术研发目标，短期目标(1~3年)是通过有效的风险管理，在应对敌人非对称优势方面取得技术进步，中期目标(3~7年)是通过可持续的安全系统开发和运行，在削弱敌人非对称优势方面取得技术进步，长期目标(7~15年)是通过重点研发拒止和溯源技术，在威慑恶意网络活动方面取得技术进步；二是部署具有强大网络防御和恢复能力的系统；三是综合利用政治、经济、法律、军事等多元化手段增加敌方攻击成本，如以经济和法律手段制裁网络攻击者，依法查处从私营部门或政府窃取信息及危害、扰乱、破坏计算机和网络的网络犯罪行为，开展进攻性和防御性网络空间行动，必要时动用军事力量；四是加强战略和政策宣示，建立网络空间国家行为规范，在针对关键基础设施受到网络攻击时所采取的响应方面建立共识，进一步发展情报能力，开展国际合作。

（二）成立多家机构，加强网络安全建设顶层咨询与指导能力

一是在商务部设立"国家网络空间安全促进委员会"，其成员由网络安全、网络管理、信息通信、数字媒体、数字经济、执法等领域权威专家组成，针对关键信息基础设施管理、系统与数据防护、物联网与云计算安全、教育培训、投资等议题，提出未来10年发展的指导性建议及措施，以推动政府、企业、民众在保障公共安全和国家安全、保护隐私、促进新技术发展、强化公私合作等方面形成合力。二是在商务部设立"国家网络空间安全卓越中心"，指导政企在网络空间安全关键技术研发与部署方面开展合作。三是由国土安全部、商务部和能源部共同推进"国家网络空间安全弹性中心"建设，评估企业网络系统安全性，指导其改进完善。

（三）打造专业化作战力量，强化网络空间攻防能力

美国明确提出在2018财年前建成133支具有完全作战能力的网络任务部队，总人数6200人，按职能分为3类：一是国家任务部队，共

13支,另配8支保障部队,负责国家网络安全,抵御对美国的战略性网络攻击,制止可能造成严重后果的网络攻击和恶意网络行为;二是作战任务部队,共27支,另配17支保障部队,负责支持各作战司令部实施计划的或应急的网络进攻任务;三是网络防护部队,共68支,负责保护国防部重要网络和系统,抵御重大网络威胁。这些部队将接受网络司令部直接指挥,并积极配合作战司令部制定和执行作战计划。

(四)重视关键信息基础设施,改善网络安全防护能力

一是首次设立"信息技术现代化基金",计划2017财年投资31亿美元,升级联邦政府关键信息基础设施,淘汰老旧系统,全面提升安全防护能力;二是制定安全计划,由国土安全部联合美国保险商试验所等机构共同实施"网络安全保障计划",测试和验证物联网中网络设备的安全性;三是进一步拓展"爱因斯坦"网络入侵检测与防御综合系统部署范围,提升政府终端设施的网络安全性;四是全面执行强身份验证,确保美国国防部网络中的每个Web服务器和Web应用程序,都要使用国防部批准的基于公钥基础设施(PKI)的用户认证,确保每个系统管理员必须100%使用单独的PKI认证,禁止以"用户名/密码"方式登陆,确保每个用户登录任何网络基础设施设备都要使用PKI认证,从而提高国防部对非法访问关键信息基础设施行为的态势感知能力。

(五)建立应急协调体系,提升网络安全响应能力

国家网络安全事件应急协调体系分为三层:一是"网络响应小组",由国务院、财政部、国防部、司法部、能源部、国土安全部、国家情报总监办公室等十几个机构的高级代表组成,负责协调各机构制定"重大网络事件"响应政策。二是"网络统一协调小组",由国土安全部和司法部联合建立,负责协调网络安全相关机构联合应对重大网络安全事件,协同制定和实施响应方案,确保情报快速、准确共享。三是核心执行机构,司法部是威胁响应的领导机构,将通过联邦调查局、国家网络调查

联合特遣部队开展工作,主要负责协调应对"直接"威胁,促进攻击溯源、收集证据和执法行动;国土安全部是资产响应的领导机构,将通过国家网络安全和通信集成中心开展工作,主要负责协调处理网络攻击产生的影响,为攻击溯源提供技术支持,保护资产安全,修补和恢复系统漏洞;国家情报总监办公室是情报支持和相关活动的领导机构,将通过网络威胁情报集成中心开展工作,主要负责整合情报并对网络威胁进行分析。

三、影响意义

上述五项措施的实施,将对美国乃至世界网络空间安全发展产生重大影响:首先,将会提升美国网络威慑能力和部队综合作战能力,对全球网络空间的安全与稳定产生重大影响,并引发网络空间作战力量、装备技术等领域的全面竞争,如俄罗斯就正在从国家安全和作战层面出发,加快推进网络空间作战力量建设,积极研发关键技术,提升网络空间领域的国际话语权;其次,将明确美军各级指挥官和主管人员的安全操作规程,提升军事网络终端用户的安全意识,解决美国军事网络当前面临的基本网络安全要求难以贯彻落实的问题,进一步增强关键信息基础设施的安全性和可恢复性;再次,将会解决网络安全应急响应政府职能不清、缺乏协调的问题,形成整体合力应对网络突发事件,对于强化联邦政府的网络安全管理、提升网络攻击响应能力具有重要意义,有助于全面提升美国网络空间安全水平得到,巩固其优势。

专题二：欧盟出台首份《网络与信息系统安全指令》

2016年7月，欧洲议会通过《网络与信息系统安全指令》（以下简称《指令》）。《指令》是欧盟出台的第一份有关网络与信息系统安全的法案，旨在加强欧盟成员国在网络与信息系统安全方面的整体协作，增强欧盟网络与信息系统安全风险管理水平和事故应对处理能力。

一、出台背景

《指令》是在欧盟推行网络安全整体战略的大背景下提出的。基于欧盟乃至全球正面临严重的网络安全威胁，网络攻击规模不断扩大，网络安全事件频发，网络犯罪层出不穷，欧盟委员会2013年2月发布《欧盟网络安全战略》，从政策体系、组织机构、技术保障、国际合作、文化建设等五方面加强应对严峻网络安全挑战的能力。战略发布后，欧盟各成员国在网络安全建设上表现出保障能力参差不齐、协作机制不完善等问题。为此，欧盟提出发布网络安全战略的配套指令，旨在强化欧盟层面整体协作，加强统筹管理。2015年12月，欧洲议会、欧盟理事会与欧盟委员会就《指令》具体内容达成实质性意向。《指令》2016年7月获欧洲议会全体会议正式通过，2016年8月正式生效。

二、主要内容

《指令》主要从提升各成员国网络安全能力、成立合作组加强成员国间合作、完善安全事故报告制度三方面，明确未来五年欧盟网络与信息系统安全建设方向。

（一）提升各成员国网络安全能力

为实现和保证高水平的网络与信息系统安全，《指令》为欧盟成员国规定落实《欧盟网络安全战略》的义务。要求欧盟各成员国应尽快采取行动，2018年5月前将《指令》纳入本国法律，并提出具体的战略目标、政策及监管措施。具体行动包括：制定工作框架，明确政府及相关责任者的角色和责任；制定风险防范、事故响应及恢复措施；加强政府与私营部门间合作；加强网络与信息系统安全国家战略培训，制定相应培训计划与宣传方案；制定网络与信息系统安全战略研发计划；制定风险评估计划；制定实现网络与信息系统安全战略的参与方目录清单。

《指令》强调各成员国要成立一个主管机构负责本国网络与信息系统安全工作，监督《指令》在国家层面的落实；建立联络机构，负责在主管机构、其他成员国相关机构间的联络与协调。

《指令》还要求欧盟各成员国组建一个或多个计算机安全事故响应小组（CSIRT）参与本国网络与信息系统安全相关工作。CSIRT要对国家层面的重大事件进行监测，提供网络风险和事故早期预警，及时将事故处理过程及事故分析报告上报给本国网络与信息系统安全主管部门。

网络演习对于检验欧盟成员国网络和信息系统安全准备与合作至关重要。《指令》要求CSIRT应积极引导成员国参与"网络欧洲"演习活动，并提供专业知识和建议。

（二）成立合作组，加强欧盟成员国间合作

为促进欧盟各成员国间战略合作和信息交流，《指令》要求2017年2月前成立一个欧盟范围内的合作组。合作组由各成员国代表、欧盟委员会、欧洲网络与信息安全局（ENISA）组成，必要时可邀请利益攸关方代表参与工作。

合作组将每两年制定一次工作计划,对CSIRT工作提供战略指导、协助成员国加强网络能力建设、支持成员国对基本服务运营商的鉴别、交流公布事故及做法、及时总结战略合作经验。

(三)完善网络与信息系统安全事故报告制度

《指令》明确基本服务运营商和数字服务提供商有义务向主管机构通报具有重大影响的网络安全事故。

1. 对基本服务运营商的要求

基本服务运营商主要是指:能源(电力、石油、天然气),运输(空运、铁路、水运、公路),银行业,金融市场基础设施,卫生行业,饮用水供给与配送,以及数字基础设施(互联网服务供应商、域名系统服务供应商等运营机构)。

《指令》提出三个可对事故严重程度进行界定的参数,分别是:受影响用户数、事故持续时间、事故波及区域及传播范围。基本服务运营商应根据具体参数,评判事故严重性,当认定为严重安全事故时,及时向主管机构部门报告。《指令》要求基本服务运营商平时采取适当的安全措施,以防止和减少服务过程中的网络和信息系统安全事故。

2. 对数字服务提供商的要求

数字服务提供商主要是指处理重要数字业务的实体,包括开展网络在线交易市场(包括企业设店在线提供其产品和服务)、网络搜索引擎、云计算的数字服务提供商,小微企业等数字服务提供商则不适用于本指令。《指令》提出五个可对事故严重程度进行界定的参数,分别是:受影响用户数、事故持续时间、地理分布情况、服务中断程度,以及对经济社会活动影响。《指令》要求数字服务提供商在发生重大事故时及时向主管机构报告,并采取合理的技术和组织措施预防风险,同时这些安全措施应能够预防和减少事故对信息系统造成的影响。

三、影响意义分析

《指令》的出台对全面推动欧盟各成员国网络安全能力建设至关重要，主要体现在以下三方面：

（一）有助于增强成员国间整体联动协作，实现高水平的网络与信息系统安全

《指令》是欧盟网络与信息系统安全建设的关键一环。作为欧盟网络与信息系统安全的第一部全面性法案，具有里程碑式意义，是迈向欧盟整体协作的关键一步。

网络空间的无国界性，尤其是跨国业务的开展使得网络威胁突破一国范围。目前，欧盟成员国在网络安全能力建设上参差不齐，如德国、法国、英国等国家已制定并推行了本国的网络安全战略，建立了网络安全应急工作组等机构。然而，与此同时仍有部分成员国的网络安全顶层设计、法律法规框架和监管体系尚不健全。《指令》的出台有助于规范成员国网络与信息系统安全管理顶层设计，并在网络空间治理理念、网络安全战略/计划制定、成立监管机构、安全意识培养、加强国际合作等方面达成共识，增强整体联动协作，提升欧盟整体网络与信息系统安全能力。

（二）整合各方资源，促进多方利益主体参与

私营企业位于网络安全的第一线，对网络安全事故敏感度高，只有私营企业积极参与才能确保实现高水平的网络安全，欧盟充分认识到这一点，通过明确各利益相关者的功能定位，为企业增设事故报告等义务，大力调动企业参与治理的积极性，增强公私互信。《指令》的出台可促进企业与政府间信息共享与协同共治，完善公私协作伙伴关系，健全多元利益主体参与的机制，构建多方参与、多元治理的局面，维护安全

可信的网络环境,保障经济社会生活的稳定性。

(三)对行业实行适度监管,确保欧盟数字产业发展

为避免过度监管对数字产业发展产生不利影响,《指令》为欧盟各成员国设置了事故严重程度界定参数,仅要求数字服务提供商履行采取安全措施和安全事故通报两项义务。由此可见,欧盟在充分保障网络安全的同时,也合理把握监管尺度,避免以网络安全为名对行业发展加以过度限制,为行业发展留出空间,为欧盟数字化市场发展保驾护航。《指令》的出台对提升欧盟数字化产业竞争力具有重要意义。

专题三：美国白宫出台《网络空间安全国家行动计划》

2016年2月，美国白宫出台《网络空间安全国家行动计划》(下称"行动计划")，将在网络空间安全领域开展系列行动，提升美国网络空间安全态势感知、安全防护、隐私保护能力，更好地维护国家安全和经济安全。

奥巴马上任伊始，就将网络空间安全列为美国面临的最重要挑战之一，并在该领域开展了构建网络空间核心战略体系、成立网络空间司令部、探索"改变游戏规则"的技术等大量工作。针对受到的网络攻击，特别是2015年发生的人事管理办公室大量档案信息泄露、国税局税务记录信息泄露等安全事件，奥巴马政府认为在网络空间安全领域尤其在维护公共安全方面，亟需全面提升安全能力，为此出台了《网络空间安全国家行动计划》。

一、计划内容

根据行动计划，美国将从机构建设、安全管理、资金投入、技术研发等领域采取多元化手段，全面提升联邦政府及全国的网络空间安全能力。

一是加强机构建设，设立"国家网络空间安全促进委员会"，研究制定提升公共和私人领域网络空间安全的具体建议和落实措施；建立"国家网络空间安全卓越中心"，促进政企在高优先级网络空间安全技术研发与部署方面的合作；建立"国家网络空间弹性中心"，推动网络系统的安全性测试；建立"联邦隐私委员会"，强化对个人隐私的保护。

二是强化安全管理,通过设立"联邦首席信息安全官"、大幅增加"联邦民用网络防御小组"数量、拓展可增强终端防护的"爱因斯坦"项目、加强政府威胁信息共享等措施,提升政府网络安全管理和防御能力;通过建立"联邦隐私委员会"、为中小企业提供培训、加快使用多因素身份验证、使用芯片密码付款系统等措施,增强个人隐私信息保护。

三是加大资金投入,2017财年拟为网络空间安全领域投资190亿美元(同比增长35%)。其中,司法部、联邦调查局网络空间安全活动经费增幅超23%,设立31亿美元"信息技术现代化基金",旨在对政府现有信息基础设施进行全面加固和升级,6200万美元将被用于网络空间安全专业人员的培养。

四是推动技术研发,与行动计划同时发布的《2016年联邦网络空间安全研发战略规划》,强调未来要重点开展可提升网络空间威慑、防护、检测、适应能力的技术研发,明确了未来7年削弱敌人非对称优势的目标,以及未来15年实现威慑恶意网络行为的目标,重点发展拒止与溯源技术,为美国实现"网络威慑"战略目标奠定技术基础。

二、影响分析

奥巴马执政以来,美国已构建了由《网络空间国际战略》《网络空间可信身份识别国家战略》和《网络空间行动战略》三大战略为核心的战略体系,形成了由网络司令部和各军种网络作战部队组成的作战体系,并积极探索"改变游戏规则"的网络攻防技术。国防部在此期间承担了更多职能,并在政策制定、力量建设、技术发展等方面积累了丰富经验。此次国土安全部、商务部、财政部、能源部、司法部等联邦民事机构更多地参与了计划实施,标志着美国已开始从军民两个层面统筹网络空间安全建设,全面提升网络空间安全水平。

该行动计划出台时间恰逢奥巴马任期将满,被外界称为奥巴马政府任期内在网络空间领域的一个"政治句号",对于确保美网络空间在"后奥巴马时代"继承现有战略思想、长期保持较高安全水平具有重要意义。随着行动计划中诸多计划的落实,美国在保护网络空间隐私、维护公共安全、管理安全事件、网络威慑等方面的能力将得到进一步提升,其在全球网络空间的霸权地位也将得到进一步巩固。

专题四：美国加快网络攻防技术发展和实战应用

本世纪以来，美国将网络空间确立为国家安全和军事行动的第五疆域，逐步强化网络空间战略威慑与作战能力建设。特别是2010年以来，美国国防部与其他联邦政府机构相互协同，加快网络攻防技术的发展，不断推出创新成果，实战化应用速度明显加快。2016年，美空军两款网络防御武器具备全面作战能力；DARPA的网络空间体系化作战技术项目"X计划"开始实战演练；波音公司着手在无人机上试用网络防御技术。美国网络攻防技术实战化应用值得我们借鉴。

一、系统推进网络攻防技术发展

一是联邦政府相关部门制定技术发展战略，规划网络空间技术发展。美国总统国家科技政策办公室每年发布的"网络与信息技术研发计划"都将网络安全作为重点领域；国防部的《网络空间行动战略》和国家科学技术委员的《联邦网络安全研发战略规划》都要求探索"改变游戏规则"的全新网络空间技术；陆海空三军也相继制定了网络空间技术发展规划，明确技术发展具体方向和重点。

二是国防部设立重点指导委员会，协调本系统网络攻防技术发展。委员会由国防部负责国防科技发展的领导主持，国家安全局、DARPA、国防信息系统局等部门以及各军种研究实验室领导共同组成，旨在协调和指导国防部各部门和各军种网络攻防技术的研发重点。目前，国家安全局负责开发密码技术和可信系统，DARPA负责研发颠覆性和前沿性网络空间技术，国防信息系统局负责研发与国防部信息网络相关的安全技术,各军种研究实验室负责研发支持网络空间作战的对抗性技术。

三是国防和非国防系统联合投资,加强网络攻防技术重大计划攻关。联邦政府层面建立了多部门联合投资机制,国防部各相关部门、国土安全部、国家标准技术研究院、国家科学基金会都是主要投资者,例如,在"网络与信息技术研究与开发计划"中,2016财年联合投资预算25亿多美元,其中国防部长办公厅、空军实验室、海军实验室、陆军通信与电子研究开发和工程中心等机构投资7亿美元,DARPA投资4.3亿美元,国家科学基金会投资12.2亿美元,国家标准技术研究院投资1.3亿美元,国土安全部投资0.7亿美元。

目前,美国网络攻防技术总体上呈现系统推进、快速发展态势,一批技术已经或即将步入实战阶段。

二、网络攻击技术方面

一是研发病毒技术,发展持续性、隐蔽性、精确性网络攻击能力。美国已研发出数千种病毒,涵盖"蠕虫""特洛伊木马""逻辑炸弹""陷阱门"等。"震网""火焰""高斯""瑞晶"等超级病毒背后也有美国的影子,这些病毒具有结构复杂、功能强大、攻击注入手段多样化、潜伏和反破解能力极强等特点,已具备对关键信息基础设施精确、持续攻击的能力。

二是研发网络空间监控技术,具备全球领先的网络空间监控能力。斯诺登曝光的资料显示,设在国防部的国家安全局已启动40多个项目推进监控技术成体系发展,重点研发防火墙、计算机设备、智能手机和其他外围设备的监控技术。美国已具备对各种主流硬件设备实施全面监控能力,其中就包括对我国华为公司研发的防火墙进行渗透和监控。

三是研发网络空间体系化作战技术,强化网络空间作战优势。美国国防部2012年开始启动为期5年的"X计划",重点支持网络基础设施实时扩展技术、网络作战可视化技术、网络战场分析技术等网络空间体系化作战相关技术的研发,以期更好地支撑网络作战计划制定、网络作战过程感知和管理、网络战场毁伤评估,整体提升网络空间体系化作战能力。2016年,"X计划"技术成果在网络司令部主办的"网络卫士"演习中得到实战检验,将于2017财年交付国防部和网络司令部。

三、网络防御技术方面

一是研发"网络机动技术",实现网络空间"任务保证"能力。2010年以来,美国网络空间防御思路由"信息全方面保证"逐渐转变为"以任务为最高优先级的信息保证"。作为关键技术之一的"网络机动技术",可对网络空间的数据、程序、主机和网络进行动态配置、调整和控制,使网络空间始终处于不断变化状态,进而增加攻击难度和成本。美陆军的"变体网络技术"、DARPA的"主动反应网络系统"、雷声公司的"网络机动指控技术"等都属于该技术范畴,目前仍处于研发阶段。

二是研发网络防御武器,提升部队网络防御水平。2013年空军制定网络防御武器研发计划,设立"空军内部网络控制系统""网络空间脆弱性评估/'捕猎者'系统""空军网络空间防御系统""空军网络安全与控制系统""网络指挥与控制任务系统""网络空间防御分析系统"6个网络防御武器研制项目。2016年,"空军内部网络控制系统"和"网络空间脆弱性评估/'捕猎者'系统"先后形成全面作战能力,其作战可用性达99.9%,每年总停机时间在8.46小时以内,可有效增强空军对内部网络的流量监测与漏洞评估能力,大幅提升其网络防御水平。

三是研发新型加密、检测技术,构建更加安全可信的网络空间环境。美国已在生物加密、量子加密、全同态加密等技术领域取得领先。为降低传统身份认证技术带来的安全风险,DARPA正在对能够实时、主动检测用户身份合法性的"主动认证"技术进行攻关,2014年已实现了对台式机和笔记本计算机用户的身份检测。2010年,美国还首次将"人类基因组分析"理念引入网络空间,开展了可更快、更准确地检测和溯源恶意软件的"数字基因分析"技术研发工作,2014年已完成原型系统开发。

四是研发针对武器装备的网络安全技术,增强战场生存能力。近些年,美国大力发展无人机抵御黑客网络攻击的技术,加速其实战化应用进程。2016年,DAPRA支持研发的无人机抵御黑客网络攻击系统通过技术验证,已转交波音公司装备H-6U"小鸟"无人机进行试用,解决其通信链路、数据存储、传感器易遭网络攻击的问题。此外,美军也正在研发针对有人装备的网络防御系统,2017年2月,雷神公司披露正在研发针对有人飞机航电设备的网络入侵检测系统——"网络告警接收机",以保护战斗机网络系统免遭黑客攻击。

四、系统试验测试技术方面

为保障军用信息系统本征安全,美国还强化在研、在用信息系统的网络空间试验测试技术研发和应用,已经建成试验测试体系,形成国家级、军种级、企业等不同层面的试验测试手段,在顶层设计、靶场构建、试验语言、试验工具和对抗性试验方法等领域实现了全面创新,突破了大规模网络仿真环境构建技术、试验自动化管理技术等20余项关键技术,初步形成分布式、互用性强、可信度高和自动化程度高的试验测试能力。仅2015年美国国家网络靶场就为47项重大国防采办项目、训练和实战演习任务提供了网络攻防能力的试验检测支持。

五、两点认识

一是美军网络攻防技术的实战化应用进程不断加快,需引起高度警惕。美国网络攻防技术的创新已进入井喷式阶段,多项技术陆续成熟,近两年来的实战化应用明显加速,不仅会显著提升美军在复杂网络环境中的网络攻防能力,还可能加剧网络空间军备竞赛,需引起我高度警惕,不断强化应对之策研究和应对手段发展。二是美国推动网络攻防技术发展的做法可资借鉴。网络攻防技术为网络空间战略博弈提供了核心支撑能力,美国通过制定技术发展战略、建立技术研发体系、启动大量技术研发项目等措施,不断稳固网络攻防技术先发优势,其相关做法值得我们持续关注和借鉴。

专题五：俄罗斯推进统一信息空间建设的政策措施分析

21世纪,随着信息通信技术的发展,以互联网为代表的网络技术开始更加广泛地用于社会管理、工业生产、日常生活乃至军事领域,网络空间已成为继陆、海、空、天之后的第五作战域,并与各传统域相互交织。以美国为代表的西方发达国家,将其视为新的战略至高点,开始成体系地推进网络空间建设,严重威胁到俄罗斯的国家安全和利益。普京总统审时夺势,在发展传统作战力量的同时,根据形势发展需要,大力推进信息空间建设,先后颁布了一系列纲领性文件,统筹规划,并采取积极措施,促进其发展,以应对以美国为代表的西方国家的网络威胁。俄罗斯的一些做法值得借鉴。

一、俄罗斯统一信息空间的定义

"统一信息空间"的概念,最早出现在俄罗期总统1995年签署的《俄罗斯统一信息空间和相关国家信息资源建设与发展构想》中,其定义是:"基于用以确保公民和企业信息相互关联,并能够满足其信息需求的统一原则和基本规则而运行的数据库、数据库管理与使用技术、信息通信系统与网络的总称"。[①] 而在2011年制定、2012对外发布的《俄罗斯联邦武装力量在对信息空间活动的构想观点》(以下简称"构想观

---

① 受计划经济思维模式影响,在俄罗斯许多由国家统一组织实施和推进的规划和项目,都被冠以"统一"一词(如"统一文化空间"等)。所以,"统一信息空间",即是表明信息空间建设的相关工作已纳入国家管理体系,由国家统一组织实施。

点")中,对信息空间的定义是"与形成、创建、转换、传递、使用、存储信息有关的活动领域。这一领域内的活动,可以对个人和社会认知、信息基础设施及信息活动本身等产生影响"。

2011年,美俄两国研究人员曾就20个网络空间关键术语进行充分沟通并开始达成一致,"网络空间"与"信息空间"开始在俄罗斯各种媒体(包括官方文件)中同时使用。

2014年,俄罗斯发布《俄罗斯联邦网络安全战略构想(草案)》,重新对"信息空间"和"网络空间"两个概念进行了界定,其中有关"信息空间"的定义沿用了"构想观点"中说法,而对"网络空间"的定义则是"信息空间中的活动领域,这一领域基于因特网和其他电信网的通信节点实现自身功能,沟通渠道、保障其运行的技术基础设施以及直接使用这些渠道和设施的任何形式(个人、组织、国家)人类活动的领域"。

通过上述定义,可以看出,在俄罗斯信息空间是一个比网络空间更为宽泛的概念,网络空间更多是指各种网络及基础设施,而信息空间则还要包括与之相关的一系列相关活动。

二、推进统一信息空间建设的主要政策措施

(一)通过制定发展战略明确信息空间建设原则

受传统文化的影响,俄罗斯习惯于规划先行。其在信息空间建设方面,亦先后出台了《俄罗斯统一信息空间和相关国家信息资源建设与发展构想》《俄罗斯联邦武装力量在信息空间活动的构想观点》《俄罗斯网络安全战略构想》等指导信息空间建设的战略性规划文件,重点阐述了俄罗斯信息空间建设的迫切性、指导原则、建设重点,以及预防、遏制和解决信息空间冲突的原则等。与此同时,在新近出台的《俄罗斯军事学说》《俄罗斯联邦国家安全战略》《俄罗斯联邦信息安全学说》中都

针对当前俄罗斯信息空间所面临的安全形势及国家政策方向进行了阐述和明确。

俄罗斯认为,信息空间的建设和活动必须要遵循以下原则:合法性原则,是指俄罗斯在信息空间里的行动,要无条件地遵守俄罗斯现行法律及国际法的规范与原则;优先性原则,是指首先要收集关于信息威胁的真实和准确信息,并采取必要的防护措施;综合性原则,是指要使用所有力量和手段完成俄罗斯在信息空间所面临的任务和挑战;协同性原则,是指各政府部门要加强协作,在信息空间共同行动;合作性原则,是指俄罗斯要与友好国家和国际组织基于国际法规范和原则,加强互信,通过合作建立有效的集体行动机制,确保信息空间的安全;创新性原则,是指为了确保信息空间领域的战略优势,俄罗斯要采取最先进的技术、手段和方法,并吸收高水平专业人员完成信息安全任务。

(二)主张利用信息手段对抗信息威胁

俄罗斯认为,"在全球信息空间、陆、海、空、天全域施加影响"已成为"现代军事冲突的突出特征","信息对抗"对国际形势的影响越来越大,一些国家利用"利用信息通信技术谋求达到其地缘政治目的",对俄罗斯实施全方位的"遏制和战略压制",信息和通信技术越来越多地被"用于军事政治目的,以及实施违反国际法的相关活动,已对国际和平与安全,以及全球和地区构成威胁"。加之"利用信息、通信和高技术进行犯罪"的事件不断发生,信息技术和媒体技术已成为"颜色革命"的工具,被广泛用来宣传"法西斯、极端主义、恐怖主义和分裂主义思想"。上述威胁,以及日前日益频发的针对俄罗斯的"信息攻击和破坏信息基础设施行为已对俄罗斯国家安全构成了严重威胁",使俄罗斯面临着新的、复杂的、相互关联的威胁,信息安全业已"同国家、社会、生态、经济、交通、个人安全一样,成为俄罗斯国家安全的一个重要组成部分",并将信息空间威胁与大规模杀伤性武器、局部战争一起,列为"当前俄罗斯面临的主要外部军事危险之一"。在其2016年刚刚出台的新版《信息安全学说(草案)》中,更是明确了其在信息领域面临的五大威胁。①

为应对信息威胁,近年来,俄罗斯一直强调,为了"巩固俄罗斯联邦作为世界领导者之一"地位,要采用包括信息手段在内的各种手段,捍卫国家和领土安全。为此,要尽快完善武装力量、其他军队和机构的信息安全机制,大力发展信息基础设施、信息对抗力量和装备,要利用现代信息技术按照国际标准发展高质量的信息传输设备,不断完善信息威胁的检测和分析系统,强化公民和全社会的信息防护能力,并加强对信息领域的监督,禁止传播包含极端思想内容(包括宣传暴力、种族、宗教和民族偏见)的产品和宣传,要大力发展预警监视系统和推广使用现代化的信息设备。

(三) 加大自主可控信息通信技术研发

俄罗斯认为,在信息空间被广泛应用的今天,俄罗斯正面临着形式多样的信息威胁。面对这些威胁,由于俄罗斯在创造具有竞争力的信息技术及产品方面,明显落后于其他国家,其关键产品和技术严重依赖进口,这对于原本就比较脆弱的信息空间安全无异于雪上加霜。为此,俄罗斯认为,发展"有竞争力的"信息通信产业对于俄罗斯至关重要,并将"提高信息技术水平已成为俄罗斯保障科技和教育领域国家安全的重要方向之一",将信息通信技术列为具有良好前景的高技术,鼓励其发展,以便为俄罗斯国家安全建设提供信息基础和保障。

2011年,俄罗斯公布了《俄罗斯联邦科学、工艺和技术优先发展方向》清单,其中,"安全和反恐"和"信息通信技术"分列第一和第三位。2012年,俄罗斯还出台了《2013—2025年电子和无线电电子工业发展国家纲要》,旨在进一步加强俄罗斯电子工业的基础能力建设,挖掘其

---

① 这五大威胁分别是:国外不断发展的信息通信技术可能给俄带来新的威胁;利用信息通信技术,开展的干涉俄罗斯内政和破坏社会稳定;网络犯罪;信息通信技术和产品依赖进口,易受限于人;别国的信息通信技术优势易转化为经济和地缘政治优势。

创新潜力、提升国际竞争力，最终"缩小与世界先进水平的差距"，为俄罗斯社会经济发展和国家安全建设提供技术和产品保障。

为了在信息空间领域不落后并受制于发达国家，俄罗斯政府主张大力发展高新技术，提升其工业竞争力和相关产品的国产化水平，主张通过加快思想转变、研发并采用现代化和创新性的技术推动整个国家经济发展。特别是乌克兰危机后，西方制裁更加坚定了俄罗斯政府推进进口替代工作的决心，以普京、梅德韦杰夫为代表的俄罗斯高层密集发表各种讲话，并出台一系列政策和举措，加快推进俄罗斯的自主创新和进口替代工作。俄罗斯总统普京多次强调必须要"减少对国外技术和工业品的严重依赖性"，并责成政府要确定技术领域的进口替代临界点，明确优先发展的技术及领域，以及如何保障这些领域的替代技术能够在生产中迅速得以应用的具体措施。梅德韦杰夫总理更是明确指出，进口替代不能仅限于商品的替代，还要尽快地在技术领域实现进口替代。俄罗斯政府相关部门从2014年就着手研究制定进口替代计划和进口替代投资项目清单，通过加大政府投入和建立工业发展基金等多种手段畅通融资渠道，扶持相关产业的发展，在其2015年初公布的18个进口替代优先发展领域中，信息通信技术就在其中。

（四）加快推进信息空间作战力量建设

俄军认为，网络时代，军事行动的中心已从传统的陆地和海洋转移到空天和信息领域，尤其是网络空间领域。随着信息通信技术逐渐渗透到俄罗斯社会与生活各领域，互联网和其他信息空间的组成元素已成为俄罗斯经济社会发展的重要基石，认为"发展信息空间作战力量和资源是俄罗斯武装力量武器装备、军事技术和特种技术"，在信息空间捍卫国家安全，已成为俄联邦武装力量建设的一项重要使命。

2012年，俄罗斯主管国防工业的副总理罗戈津对外宣布，俄罗斯将组建网络司令部，相关提案在国防部会议上业已审核通过。2013年，俄罗斯国防部作战总局、组织动员局和总参谋部相关部门就组建网络司令部一事进行研究,并对外宣布,其计划组建一个新的兵种,用以防范各种网络攻击和威胁,形成俄罗斯自己的"防御网络威胁的数字盾牌"。

克里米亚和乌克兰危机期间,俄罗斯遭受了大量来自于境外的网络攻击,给其国家安全和军事行动带来极大威胁,加之美日等国也不断加快网络空间作战力量建设,促使俄军加快了其信息空间作战力量建设。

2014年,俄军总参谋部第8局局长尤里库兹涅佐夫说,俄军"用于保障军事设施安全、免受来自外部网络攻击的专门机构"将于2017年前正式组建完毕。据称,该部队将隶属于战略司令部,在组建初期,将以国防部总局的编制形式存在,并将招募大量程序员,通过自行开发软件系统,用以满足军队网络防护的需要。俄军网络司令部的组建,将有利于俄军的作战装备、武器、作战指挥系统向高度现代化和数字化逐渐转变,推动俄罗斯全国的信息安全系统现代化进程。但有关俄罗斯司网络司令部的具体任务和职责,还在不断完善之中。

目前,俄罗斯内务部的调查局、联邦安全委员会的信息安全中心等机构,分别承担着调查俄罗斯境内的计算机犯罪、防御信息空间领域内的各种危及俄罗斯国家安全和经济安全的外国间谍、极端主义组织和犯罪机构的行动,俄军网络司令部建成后,将与上述机构一起,形成捍卫俄罗斯信息空间安全的三驾马车。据俄罗斯官方消息称,俄罗斯战略导弹部队已组建了负责检测和阻止网络攻击的"火山"部队,以提高其陆其机动系统和导弹发射井部队的网络安全防护能力。除此之外,为应对和提高政府部门、金融机构、行业协会和执法部门在应对网络安全事件的组织与协调能力,俄罗斯国家杜马已审议通过了关于组建"国家信息安全响应中心"的提案,相关的各项工作正在积极推进中。

(五)积极参与信息空间国际规则制定

俄罗斯认为,一个安全稳定繁荣的信息空间,对世界各国来说都至关重要。面对日益严峻的信息威胁,各国存在着共同利益与合作空间,为此,主张在相互尊重各国国家主权和相互信任的基础上,就保障信息空间安全、推进信息空间发展,开展实质性的对话与合作,共同构建和平、安全、开放、合作的信息空间新秩序,推进信息空间发展,更好地造福各国人民。其国家安全战略明确指出,"俄罗斯支持集体安全条约组织共同应对信息威胁,形成全球化的信息安全体系",并主张与独联体及其周边国家建立更为广泛的"信息通信环境"。

俄罗斯倡导建立多边、民主、透明的互联网治理体系,并支持联合国在建立互联网国际治理机制方面发挥重要作用,主张在联合国框架内制定普遍接受的负责任行为国际准则。早在2011年,俄罗斯就提议联合国对信息空间各国行为准则进行约定,但并未得到任何回应。直到2015年,在俄罗斯在打击IS过程中显现了其电子信息装备的能力后,美国、英国、法国、巴西、日本、韩国、以色列等20个国家代表组成的专家组,才向联合国秘书长提交了一份报告,首次同意对其在信息空间的行动进行限制。该报告为达成信息空间领域互不侵犯协议奠定了基础。11月,第70届联合国大会讨论通过了俄罗斯提出的关于"实现信息和远程通信领域国家安全环境"的决议。根据该决议,各国只有在和平的目的下才能使用网络技术,但协议国相互间不得攻击特殊的关键基础设施,如核电站、银行等,不得在IT产品中安装"插件",但可打击对其进行破坏的黑客。同时,各国不应对网络攻击进行随意指责,在指控其他国家有违反信息空间行为准则行为发生时,必须要提供证据,并应努力与来自或通过其领土的黑客行为作斗争。目前,同意该协议原则的国家已有82个。尽管该协议准则尚处于自发参与阶段,但俄罗斯的目标是将其变为强制性规范,联合国大会的决议在这方面迈出了坚定的一步。

(六) 注重提升全社会的信息防护能力

为切实保障俄罗斯在信息空间的国家安全和利益,俄罗斯主张,要强化公民和全社会的"信息防护能力",主张国家权力机关和地方自治机关要引导公民利用包括信息手段在内的,一系列政治、军事、组织、社会经济、法律手段保障国家安全,要通过推广使用现代化的信息设备,运用全社会的力量建立起全方位的防护体系。

鉴于在信息空间中,政府及国家权力机构往往成为信息攻击的首要目标,为此,俄罗斯政府已启动国家信息通信网建设。该网是一个专门用来为俄联邦权力机构和各联邦主体权力机构提供信息服务的专属网络,各机构的信息系统和网络通过"安全隧道"接入该网,并通过加密手段进行数据传输。该网将由中央政府和各联邦主体共同出资建设,联邦警卫总局负责维护、运行和建设,2018年前,俄罗斯总统办公厅、政府机构、联邦委员会、国家杜马、法院、检察院、审计署等联邦机构的信息系统和内部网络都将接入该网,并要按照规定程序在该网络中存储、传输(必须加密)、发布信息。

该网建成后将具备以下功能:一是为国家权力机构及其为履行职能而建立的相关组织的信息系统和网络提供接入服务,使之与国家信息通信网互联互通;二是能够在俄罗斯国家信息通信网上存储/发布国家种类允许的信息;三是对接入该网的信息系统和网络(包括国家预警、探测系统),以及国家信息资源进行保护,使其免遭网络攻击。在该网的基础上,俄罗斯还将建立一个更加安全的保密通信网,以防止非法侵入,保证信息经俄罗斯国家信息通信网接口传输时的完整性。为加强对国家机构各类通信网的管理,提升其安全防护能力,俄罗斯联邦保卫局正会同政府有关部门,研究编制"国家权力机构信息系统和信息通信网目录",以确保网络建设和管理不留死角。

国家权力机构及相关组织在国家信息通信网上存储/发布信息时,可使用联邦保卫局的软件、技术和设备,也可自行开发。使用联邦保卫局的软件、技术和设备时,所需费用从联邦保卫局经费中列支。

三、几点思考

通过对俄罗斯统一信息空间建设的情况的梳理,可以看出:

网络空间建设必须要加强顶层规划,需要制定统一的国家发展战略。作为美国一直的假想敌,无论是在传统军事领域还是在网络空间这一新兴作战域,我国所面临的安全形势日益严峻。在综合国力还不够强的情况下,唯有举全国之力,通过统筹规划,充分发挥政治优势和组织优势,制定切实可行的发展战略,才可能在短期内缩短与发达国家的差距,以确保网络空间领域的国家安全和利益。

网络空间博弈说到底是技术和人才的竞争,必须要加快核心技术的自主研发和人才培养。核心、关键技术和产品依赖进口,高端人才紧缺,是制约我国网络空间能力建设的短板。要想在这场没有硝烟的战略中争得主动,要加大对国产先进信息通信技术和产品的研发,要用创新的思维和方法,动员和招募军队和地方的高端人才共同探讨网络空间建设和装备的发展策略,以免受制于人。

网络空间建设关系到社会生产生活的方方面面,必须要树立和提升全民的网络安全意识和防护能力。网络时代,软杀伤的威力不亚于硬摧毁。随着信息通信技术在社会各领域的广泛应用,网络空间的战场已拓展至社会生产乃至居民生活的方方面面。在网络战争中,没有军和民之分,任何系统都可能成为被攻击的目标。为此,要加快提升全民的网络安全意识和信息防护能力,以免出现木桶效应。

专题六：美国多措并举应对武器装备网络安全挑战

随着武器装备的复杂化、网络化、智能化程度不断增加,武器装备自身及其所接入网络中存在的网络安全挑战也日益突出,会影响相关指令的正确传达与实施,降低整个武器装备的任务执行能力,甚至导致作战任务的失败。2016年8月,国防部计划投资1亿美元,用于测试和评估武器装备的网络安全漏洞,这些投资将直接用于平台评估和任务评估,有望推动下一代武器装备设计与开发,强化武器装备网络安全。

一、美军武器装备存在网络安全挑战的原因

目前,美军武器装备普遍存在网络安全问题。2014年,美军发现40多个存在网络安全漏洞的武器装备,如陆军战术级作战人员信息网(WIN-T)、海军联合高速船、自由级濒海战斗舰等。2015年,国防部负责运营、测试与评估的官员表示,美军几乎所有重要的武器系统都容易受到网络攻击。总体来讲,美军武器装备存在网络安全挑战的主要原因如下：

（一）武器装备设计理念存在隐患

美军许多现役武器装备高度依赖通信系统和卫星网络,但在设计之初却未充分考虑网络防御。以无人机为例,美军2013年曾对MQ-9"收割者"、RQ-170"哨兵"等无人机进行网络安全风险评估,结果表明这些无人机在设计时只考虑了作战任务需求,在通信链路、数据存储、传感器、故障处理机制等方面存在大量网络安全问题。无人机高度

依赖信息通信系统,攻击者可通过篡改航迹、伪造关键元数据、更改 GPS 坐标信息、破坏无人机对有效载荷控制等手段对无人机实施网络攻击。RQ-170"哨兵"无人机就曾受到伊朗军方网络攻击而被捕获。

(二)武器装备基础软硬件存在风险

美国国防工业基础具有全球化的基本特征,很多武器装备的基础硬件都在国外生产和组装,对外国制造与开发的依赖,一定程度上为设计、制造、保障、配送与销毁等环节的风险管理带来挑战和威胁。2016年6月,美国首次披露了在芯片制造过程中植入硬件木马的技术,该技术增加了集成电路代工的不可控风险,以往所知的硬件木马都是在芯片设计时植入的,如果芯片在制造环节被植入木马,对武器装备而言安全隐患无穷。此外,美国国防部及海军在备忘录及相关指令中均指出,部分开源软件和商用软件缺乏持续维护,在实际使用过程中会带来操作风险和安全漏洞,影响信息系统的安全性与可靠性。

(三)武器装备测试评估存在误区

美军在进行武器装备测试时,一般只注重武器装备作战性能指标评估,往往会忽视其网络安全性,加之美军缺乏有效的网络安全测试环境,因此很少对其进行专门测试。2013 年,美国国防科学委员会在一份研究报告中曾警告国防部"不能只关注武器装备的使用和操作,要更多关注支持相关操作的信息系统"。

二、美国应对挑战的主要途径

2014 年,国防部发布了新的信息管理指令 8500 和 8510,提出用"网络安全"取代已使用近 20 年的"信息保障",标志着美国应对武器装备网络安全挑战的主要思路发生了重大转变,由原来的"信息保障"转变为"任务保障",由原来的"信息全方面保障"转变为"以任务为最高优先级的保障",表明美国更加强调任务与信息保障的一体化。在此背景下,为提升武器装备及其相关网络的安全性,增强其在复杂网络环境下的生存能力,保障任务的顺利执行,美国重点采取以下措施:

(一) 研发安全防御技术

DARPA、高校正积极致力于研发可提升武器装备网络安全性的技术。2011年,DARPA启动"可信软件项目",旨在开发相关技术,提高对国防部软件的无效性、设计错误及冗余代码的诊断能力,以保障国防部软件安全。2012年,DARPA又启动"高可信网络军事系统项目",重点研发可保证军用车辆、军用无人机、武器装备、智能终端中的信息通信系统安全运行的技术,确保在作战环境下武器装备能够抵御敌人的网络攻击。明尼苏达大学在该项目支持下,2016年研发出可应用于无人机系统的网络防御技术,从架构层面隔离无人机操作系统的关键部分,使其遭受网络攻击时仍能正常运行,同时利用新研发的编程语言,编写无内存漏洞的软件,并进行安全验证。

弗吉尼亚大学为美国国防部研发的"系统感知网络安全技术",于2014年底在无人机上进行了飞行试验。验证中,技术人员对无人机实施了一系列网络攻击,结果表明,该技术对各类网络攻击均显现出较好的监控、告警和防御能力。2015年,该技术进入商业化实用阶段,利用该技术开发的"安全哨兵"系统现已问世。

(二) 加强漏洞探测和评估

美国政府、军方在探测和评估武器装备安全漏洞方面采取了多项措施。白宫2016年出台《网络空间安全国家行动计划》,首次设立"信息技术现代化基金",计划2017财年投资31亿美元用于评估和升级老旧系统,同时由国土安全部联合美国保险商试验所等机构共同实施"网络安全保障计划",测试和验证物联网中设备的安全性。国防部2016年启动计划,以"赏金"模式邀请黑客帮助其寻找和修复网络安全漏洞,此模式在谷歌、微软、贝宝等企业中已被广泛采用,但在政府机构中尚属首次。

美空军的"网络空间脆弱性评估/捕猎者"系统已于2016年形成全面作战能力,该系统将用于全面探测和评估空军关键任务网络的漏洞。同时,美空军2016年还提出计划,旨在采用多项措施加强漏洞识别与修复,如招纳和培养合适的网络专业人才、让士兵更好地理解网络系统的全寿命周期管理过程、研发可自动识别并配置设备的开放式通用任务系统等。

(三) 充分利用网络靶场和演习演练

美国国防部2013年发布的《网络安全研制测试与评估指南》称,"发展网络空间试验测试能力,可以及时发现军事信息系统或网络中的网络漏洞,降低对武器装备成本、生产进度和性能产生的不利影响"。为此,美国开始大力发展能够定性定量测试武器装备安全性的逼真对抗测试环境。目前,美国的国家重点网络靶场设施建设已基本完成,具备了国家级、军种级、企业和高校级等不同层面的测试手段,初步形成了具有分布式、互用性强、可信度高和自动化程度高的试验测试能力。利用网络靶场,美国能在工程化阶段及早发现武器装备中的网络安全漏洞。

此外,美军还通过开展网络安全演习演练,模拟网络攻防对抗过程,检验武器装备在遭受网络攻击时的工作状态,美国近年来举办的网络演习主要有"网络风暴"演习、"网络旗帜"演习、"网络防御"演习、"国家级"演习(NLE)、"网络卫士"演习等。

(四) 提升软件、元器件安全性

美国国防部、各军种高度重视军用软件研发采办环节中的安全管控。例如,国防部加大对软件开发人员及机构的监控力度,《联邦采办条例国防部增补条例》规定,国防部采办军用软件时,主承包商雇佣的海外开发人员应当具备相应等级的安全许可证,并且在有认证或官方许可的环境下进行软件开发。另外,国防部还要求国防采办项目管理者要与软件保障专家、采办人员及其他相关人员明确软件安全需求,并将软件安全需求列入武器装备采办合同。海军明确指出,具备可支持性是开源软件和商用现货软件进入海军信息系统的前提条件,陆军则要求所有应用于美国陆军信息系统的商用现货软件必须得到充分授权。

针对军用电子元器件的军民共线生产可能带来的安全问题,国防部在2015年《国防部网络战略》中提出推行可信供应商认证管理,由国防部微电子处负责能力认证,由国防安全局负责安全保密认证,通过双机构联合认证,确保军用电子元器件的先进性和安全性。同时,还特别提出要将元器件的网络安全标准具体化,以保证国防部采办项目采用的元器件都符合网络安全要求。

三、启示

美军武器装备中广泛存在网络安全问题的现实情况,已给我们敲响警钟。经过近几年的快速发展,我军武器装备发展虽取得了长足进步,信息化与网络化水平不断提升,但是在网络安全、技术自主可控等方面仍然存在较多问题。我们应该借鉴美军相关做法,对现有信息化武器装备进行全面的网络安全漏洞检测与排查,对存在的漏洞进行评估与分级,制定可操作的漏洞修复计划;发展适用于网络对抗环境下的武器装备,建立试验测试、安全等方面的标准规范,将核心防御技术和发展主动权牢牢掌握在自己手中;统筹国家有关部门和军队系统,补充、完善现有的实验、验证手段,同时加快推进国家级网络靶场建设,建立能支持网络攻防演练、武器装备安全性评估的国家级试验平台;高度重视核心软硬件技术的自主开发,推动软硬件国产化工程,从根本上改变核心技术依靠引进、关键软硬件国产化进展迟缓的局面,形成自主信息技术产品体系和服务体系。

专题七:美国《联邦网络安全研发战略计划》解析

2016年2月,美国国家科学技术委员会(NSTC)发布了《联邦网络安全研发战略计划》(以下简称《战略计划》),提出美国网络安全研发活动的短、中、长期目标,着力提升针对恶意网络行为的威慑、防护、探测与适应能力,明确对网络安全研发活动至关重要的核心因素,给出了联邦政府促进网络安全研发活动的建议。

一、发布背景

2014年12月18日,美国总统奥巴马签署了《网络安全加强法案2014》[①],该法案要求NSTC制定网络安全研发战略计划,作为联邦机构资助开展网络安全领域研发工作的总体指导方向。该计划是对2011年《可信网络空间:联邦网络安全研发项目战略计划》[②]的更新和扩展。

二、《战略计划》提出网络安全研发三类目标

《战略计划》明确提出了美国网络安全研发的短、中、长期目标。其中,短期目标(1~3年)是通过加强风险管理,在应对对手的不对称优势方面取得科技进步。中期目标(3~7年)是通过开发和运行可持续的安全系统,在削弱对手的不对称优势方面取得科技进步。长期目标

---

① Cybersecurity Enhancement Act of 2014.
② Trustworty Cyberspace: Strategic Plan for the Federal Cybersecurity Research and Development Program.

(7~15年)是通过发展拒止和溯源技术,在威慑对手的恶意网络活动方面取得技术进步。

三、《战略计划》聚焦四层能力推动科技发展

《战略计划》提出要重点提高"四层防御"能力,以层层递进的模式降低网络空间恶意活动带来的威胁。

威慑能力:通过提高潜在对手开展恶意网络行动的成本与风险,降低其攻击意图,有效阻止恶意网络行动的能力。

防护能力:对于执意实施网络攻击的攻击者,要发展美国自身网络安全防护能力,保护网络系统免遭攻击,确保组件、系统、用户、关键基础设施有效抵抗恶意网络行动,并确保保密性、完整性、可用性的能力。

探测能力:面对部分攻击者会渗透进网络安全防护系统的情况,提高网络探测能力,准确识别网络攻击活动,具备有效探测甚至预见对手决策与恶意网络行动的能力。

适应能力:一旦攻击者成功发动攻击并对系统造成破坏,防御人员、基础设施等要具备动态适应恶意网络行动的能力,快速恢复系统运行并阻止类似攻击活动再次发生。

四、《战略计划》明确影响网络安全研发的六个因素

科学基础。联邦政府应支持"解决未来网络威胁所需的"基础性研究,包括理论基础、实证基础、计算基础、数据挖掘基础等。网络安全领域的科学基础包括测量方法、测试模型、形式框架、预测技术等。这些科学基础是开发网络攻防技术与实践的主要依据。私营部门不愿投资基础性、长期性、高风险的研发领域,美国政府在这些领域的投资极为重要。

风险管理。一个组织的网络安全决策应当基于对该组织的资产、漏洞,以及潜在威胁的全面评估。风险管理是否有效取决于一个组织的两种能力,一是评估恶意网络行为可能性及其后果的能力,二是准确量化风险规避成本的能力。此外,及时进行威胁信息共享可提升组织评估与管理风险的能力。

人员因素。如果研究人员忽视了技术使用人员、防御者、对手、机构等与技术间交互,那么他们所开发的用于保护网络系统的创新型技术解决方案也将难以发挥作用。因此,网络安全技术研发必须解决人机交互方面的挑战。

成果转化。由于创新型技术研发与演示主要由研发机构负责,而技术解决方案与现有产品/服务间的集成主要由运行机构负责,两者并不完全统一。因此,顺畅的技术成果转化至关重要,只有实现成果转化,才能确保联邦网络安全研发活动发挥出较高影响力。

人力资源。人是网络系统必不可少的组成部分。目前,满足《战略计划》所需的网络安全人力资源开发仍是一项关键挑战。《战略计划》的成功与否在很大程度上取决于能否开发和留住足够数量的高技能网络安全研究人员、产品开发人员、网络安全专家。

基础设施。网络安全研究需要借助相关工具和测试环境,联邦政府应鼓励共享研究所用的高保真数据集,同时保护那些自愿与研究人员共享敏感数据的组织。研究基础设施投资既应满足计算机科学家与工程师的需求,也应满足面临网络安全研究挑战的其他领域的需求,如能源、交通、医疗领域的关键基础设施。

五、《战略计划》提出网络安全研发的五点建议

一是联邦政府要重点资助基础性和长期性研发工作。基础性、长期性、高风险的研发领域是私人部门不愿投资的领域,联邦政府在这些领域的投资极为重要。随着基础研究成果的日渐成熟,可以依靠私人

部门开展应用和近期研究。

二是通过降低门槛、强化激励机制,提高公共与私人机构网络安全研发参与度。联邦政府可通过资助通用研究基础设施(如测试平台和数据集等)的手段,降低小企业、初创公司、学术机构等的进入成本,参与网络安全研发。此外,政策制定者也应重新审视现有法律法规,对那些可能影响网络安全研发活动的法律条文进行修改。

三是准确评估影响网络安全研究成果转化的不利因素和促进因素。顺畅的成果转化能够激励更多的私人企业参与网络安全研发。联邦政府应致力于制定一套可供选择的标准化的许可协议或其他知识产权协议,促进技术成果转移。

四是拓宽网络安全研究人员的专业知识面。网络安全技术研发需要对人的行为有很深的理解,这就要求研究人员不仅要懂技术,还要增加社会学、行为学、经济学等方面专业知识。

五是提高网络安全人力资源的多样性。这种多样性包括不同的种族、性别、民族、年龄、性格、认知方式、教育背景等。人力资源多样化程度越高,就越能提供多样化的视角和创新型解决方案。

六、影响分析

《战略计划》统筹了美国网络技术发展,明确了未来15年美国政府将重点资助的基础性和长期性研发工作,推动政府和私营部门在网络安全研发领域的合作,促进网络安全研发成果向实际应用转化等。该规划将有助于美国保持网络安全技术研发优势,为实现其"网络威慑"战略目标奠定技术基础。

专题八：美国 DARPA"网络大挑战"项目研究取得突破

2016 年 8 月 5 日，DARPA"网络大挑战（CGC）"项目决赛在拉斯维加斯落下帷幕，这是世界上首场完全由计算机参与的黑客"夺旗"竞赛。7 支决赛队伍的"机器人黑客系统"展开了历时 10 小时的激烈角逐，最终 ForAllSecure 团队、TechX 团队、Shellphish 团队夺得前三名，并分获 200 万、100 万和 75 万美元奖金。

一、项目背景

当前，网络安全系统在检测已知网络漏洞与恶意软件方面已经发挥了重要作用，但是现有的网络安全系统是"半自动化"系统，在面对高频率、多样性的网络攻击时，难以实现实时、全自动化响应，仍需要网络安全人员干预并开展后续工作，严重影响了网络防御的效率和效果。为此，DARPA 于 2014 年启动 CGC 项目，通过"夺旗"竞赛的形式，加快推进网络攻击自动防御系统的研发工作，旨在最终实现网络防御过程全自动化。CGC 项目启动后，共有来自高校、工业界和安全部门的 104 支团队注册参赛，其中 28 支团队进入了预选赛，最终有 7 支团队获得了此次的决赛资格。

二、决赛详情

CGC 决赛采取"夺旗"竞赛的形式，共开展了近百轮竞赛。7 支参赛团队每队需开发一套全自动的"机器人黑客系统"——网络推理系统（Cyber Reasoning System，CRS），如表6所列。这些系统需要具备密码破译、信息隐藏、二进制分析、逆向工程、移动安全、漏洞挖掘与利用、Web渗透、电子取证、程序编程等能力，从而完成那些通常在人类参与下才可完成的网络监视、代码修改、选择进攻时机等任务。

表6 CGC决赛团队及其网络推理系统

团队名称	团队组成	参赛系统
ForAllSecure	卡内基梅隆大学David Brumley教授创立的安全公司及其CyLab实验室成员	Mayhem
TECHx	GrammaTech公司和弗吉尼亚大学的软件分析专家	Xandra
Shellphish	加州大学圣芭芭拉分校计算机科学专业的研究生	Mechanical Phish
CodeJitsu	加州大学伯克利分校附属团队	Galactica
CSDS	爱达荷大学的教授和博士后研究员	Jima
DeepRed	雷声公司的工程师	Rubeus
disekt	世界各地参加CTF竞赛的成员	Crspy

CGC的决赛主题均由DARPA设计，主要针对自动化漏洞挖掘领域的相关难题。决赛中，DARPA向各支团队提供了一段包含了大量漏洞的代码，7支参赛团队利用CRS进行漏洞自动查找，同时根据漏洞自动生成攻击程序并提交给主办方。为增加竞赛难度，DARPA在提供的代码中加入了一些重大漏洞，如"心脏出血"漏洞等。结果表明，CRS能够瞬间找到并修复漏洞，7个CRS最终成功识别出650处代码漏洞并自动修复了421处，其中一个CRS甚至发现了DARPA用来检测CRS的软件本身存在的漏洞。最后，主办方通过综合比较每个CRS的攻击和防御能力，评判出优胜者。赛后，获得第三名的Shellphish团队公开了其Mechanical Phish系统的部分源代码。

DARPA还专门为此次CGC决赛开发了一套"实验网络安全研究评估环境（DECREE）"，该环境为参赛团队提供了技术环境支持，具有简单性、专用性和高确定性等特点，有助于参赛团队集中精力开展安全性方面的分析和研究。

三、影响意义

ForAllSecure 团队的 Mayhem 系统作为此次 CGC 决赛的冠军,还受邀参加了美国 DEF CON 黑客大会的"夺旗"竞赛,与其他 14 支来自全球的人类代表队同场竞技。Mayhem 系统最终击败了两支人类代表队并排在第 13 名,据参加 DEF CON"夺旗"竞赛的多支队伍赛后表示,若不是大会系统故障致使 Mayhem 系统在比赛前两日无法接收数据,Mayhem 系统应该会在比赛首日就横扫全场并最终赢得冠军。这表明,CGC 项目提出的"机器人黑客系统"已经取得突破,这种全自动化系统在快速查找、分析和修补漏洞方面具有人类专家无法比拟的优势。CGC 项目的研究成果是人工智能在网络安全领域的重要应用,将对网络安全领域产生革命性影响,其全自动化的防御机制引领了未来的网络安全防御理念。

专题九：英国发布《国家网络安全战略 2016—2021》

2016 年 11 月 1 日，英国发布《国家网络安全战略 2016—2021》（以下简称"新版战略"），新版战略主要包括 3 大核心内容，一是明确了英国未来 5 年的网络安全愿景，二是提出了为实现该愿景英国将努力达成的 3 大目标，三是规划了为实现 3 大目标英国将采取的主要措施。

一、新版战略发布背景

英国上一个五年期国家网络安全战略是于 2011 年发布的，英政府投资 8.6 亿英镑用以实现该阶段的网络安全目标。这一 5 年期战略使英国网络安全得到了实质性改善，并帮助英国确立了在网络安全领域的"全球领先者"地位。但是，网络威胁具有不断变化的属性，这决定了英国绝不能维持一成不变的网络安全战略政策。因此，英国基于对当前网络威胁的最新评估，提出了新版 5 年期网络安全战略。

二、网络安全愿景

新版战略明确提出 2021 年英国的网络安全愿景是：面对网络威胁，英国是安全的；遭遇网络攻击时，英国的网络、数据与系统具有可恢复性；英国能在数字化世界保持繁荣与自信。

三、网络安全目标

为实现2021年网络安全愿景,新版战略提出英国将努力达成3大网络安全目标。一是防御目标,即要有手段保护英国免遭不断变化的网络威胁;要有手段对网络威胁事件进行有效响应;要有手段保护英国的网络、数据与系统,且能确保它们在遭受攻击后的可恢复性;公民、商业部门和公共部门具有保护自己的知识与能力。二是威慑目标,即面对各种形式的网络空间入侵,英国将是一个坚不可摧的目标;要能够探测、推断、调查、破坏针对英国的恶意网络行为,并对攻击者进行追究和起诉;要有手段在网络空间采取攻击行动。三是发展目标,要发展以世界领先的科学研究为支撑的创新且不断增长的网络安全产业;要有能够自我维持的人才渠道,提供满足国家公共和私营部门需要的网络安全技能;要有帮助英国迎接和克服未来网络威胁与挑战的前沿分析和专业知识。

四、网络安全目标实现措施

为达成上述3大网络安全目标,新版战略提出了多项保障措施。一是将发展双边和多边伙伴关系,通过国际合作实现网络安全目标。二是在继续利用市场力量改善网络安全环境的同时,强调进行更加积极的政府干预。三是增加在网络安全领域的投资,新版战略提出未来5年,英国将投资19亿英镑用以显著改善网络安全。四是利用政府和产业界力量,合力开发和应用主动网络防御措施,显着提高英国的网络安全水平。五是充分利用国家网络安全中心(NCSC)共享网络安全知识、解决系统性漏洞,为关键的国家网络安全问题提供指导。六是成立两家新的网络创新中心,推动前沿网络安全技术与产品研发。

专题十：美国互联网瘫痪事件专题分析

2016年10月21日19:10左右，美国主要DNS服务提供商Dyn Inc.的服务器遭到大规模DDoS攻击，该攻击大部分流量来自于受恶意代码感染的物联网设备，导致美国东海岸地区的大量网站无法访问，引起全球范围的高度关注。

一、事件概况

此次大规模DDoS攻击事件是由于大量摄像头、DVR以及互联网路由器等物联网设备存在弱口令漏洞，从而被攻击者利用，植入恶意代码、构建僵尸网络，而引发的大规模网络攻击，导致该服务器无法进行DNS解析，造成大量网站无法正常访问，其中受影响网站包括社交网络Twitter、网上支付服务网站PayPal、串流音乐服务商Spotify，以及娱乐、社交及新闻网站Reddit等知名网站。

二、原因分析

DNS是域名解析系统(Domain Name System)的简称，网民在浏览器地址栏输入域名，由DNS服务器将该域名解释为网络设备能读懂的IP地址。例如，访问百度首页时，只需输入百度域名www.baidu.com，而不用背记百度的IP地址61.135.169.105。使用域名访问网站时，用户终端需要向因特网服务提供商(ISP)的DNS服务器提出网站IP地址查询请求，如该级DNS服务器无法解析到所查询网站的IP地址，会向上级 DNS 服务器查询。

攻击者使用 Mirai 恶意软件控制物联网设备,该软件集成了大量的常见默认账号密码及特定设备的默认密码,可自动通过密码字典尝试连接物联网设备的远程控制端口(如 telnet 端口)。

攻击者利用这些受感染物联网设备组成僵尸网络发动大规模的 DDoS(分布式拒绝服务)攻击,利用合理的服务请求去占用尽可能多的服务资源,从而使得用户无法得到服务响应。域名服务商遭到了大量垃圾请求,DNS 解析商完全无法应对,真正的请求也无法回答,导致互联网网站瘫痪。

三、攻击特点

一是针对 DNS 服务器进行攻击。DNS 是互联网运作的核心,主要职责就是将用户输入的内容翻译成计算机可以理解的 IP 地址,从而将用户引入正确的网站。DNS 服务器遭受了超大规模的流量访问,服务器瘫痪导致相关网站域名无法解析,出现用户访问失败。

二是利用物联网设备进行攻击。这是全球首次因物联网设备遭遇恶意软件感染最终造成大规模网络攻击事件的案例,以往的互联网安全事件中,攻击者通常控制网络服务器、计算机类设备作案。随着智能硬件逐渐普及,物联网设备正在成为黑客新的网络攻击目标。

三是利用僵尸网络攻击。此次大规模分布式拒绝服务攻击是由物联网设备所组成的僵尸网络所发动的,且这些设备均感染了恶意软件。该僵尸网络分布于全球超过 160 个国家,攻击者可以利用恶意软件去控制物联网设备,组成僵尸网络以发动大规模的分布式拒绝服务攻击。

专题十一：美国采取措施防范智能手机等移动设备泄密

智能手机等移动设备在给人们工作和生活带来极大便利的同时，也加大了信息泄露的风险。近年来，曝光的针对智能手机等移动设备的秘密监控项目层出不穷，2016年6月，美国前情报机构雇员斯诺登曝光了英国政府通信总部（GCHQ）代号为"乳白色"（Milkwhite）的秘密监控项目。该项目是斯诺登继2015年10月披露的GCHQ代号为"蓝精灵"监控项目之后的又一针对智能手机等移动设备开展的秘密监控项目。由此可见，智能手机已成为信息泄露新途径。为此，美国出台多项针对移动设备安全管理的措施，以确保国家安全。

一、智能手机等移动终端已成为信息泄露的新途径

根据斯诺登披露的"乳白色""蓝精灵""极光黄金"等秘密监控项目可以看出，通过监控用户手机可在其毫不知情的情况下轻易掌握其通话记录、邮件信息、网站浏览记录、经常出现的社交场所等位置信息，还可对其进行音频监控、随意更改用户开关机状态，并通过抓取和分析移动应用程序中的数据，获取个人种族、年龄、婚姻状况、收入、教育水平、子女情况等数据。由此可见，随着智能手机等移动设备的广泛应用，其已成为信息窃取的新途径。

"乳白色"秘密监控项目，由斯诺登于2016年6月披露。该秘密监控项目由苏格兰记录中心（SRC）负责执行，其监控手段和美国国家安全局（NSA）做法类似，通过访问英国公民的通信数据，掌握其通话记

录、邮件信息、网站浏览记录等。重点监控"脸谱"、LinkedIn等社交媒体上的元数据,以及面向智能手机的即时通信应用程序WhatsApp、Viber、Jabber上的聊天信息,并将收集到的敏感信息供英国军情五处、伦敦警察厅、北爱尔兰警察部门、英国国家打击犯罪局、英国税务海关总署使用。"乳白色"秘密监控项目是英国内政部"通信能力发展计划"(CCDP)的一部分,旨在发展现代化的"拦截技术"。GCHQ负责国外情报信息及部分国内法律允许范围内的信息收集,SRC负责国内数据信息的收集。

"蓝精灵"秘密监控项目,由斯诺登于2015年10月披露,可侵入智能手机。"蓝精灵"组件包括至少四个工具,分别为"大鼻子蓝精灵""梦幻蓝精灵""追踪蓝精灵",以及"偏执蓝精灵"。其中:"大鼻子蓝精灵"可打开用户手机麦克风进而进行音频监控;"梦幻蓝精灵"可随意更改用户手机的开关机状态;"追踪蓝精灵"可对智能手机进行定位,比三角测量定位更为精准;"偏执蓝精灵"可隐藏其他蓝精灵工作痕迹,使机主不易发现其手机遭入侵。

"极光黄金"秘密监控项目,由斯诺登于2014年12月披露,主要是针对全球主要的手机运营商进行监视,从中拦截获取有关运营商通信系统的技术信息,利用手机运营商通信中存在的安全漏洞窃取其手机通话、短信等信息。文件显示,NSA的重点监控对象为总部设在英国的全球移动通信系统协会。该协会有来自200多个国家和地区的800多家会员公司,包括美国电话电报公司、微软、脸谱、思科、三星、沃达丰、甲骨文、爱立信等行业巨头。该行业协会对提升全球手机网络安全发挥着重要作用,经常召开会员大会研讨相关政策与技术,这些工作会议成为NSA的重点关注对象。

此外,美、英情报机构还通过入侵全球最大的手机SIM卡制造商金雅拓公司,窃取了用于保护全球范围内手机通信隐私的加密密钥。有了这些被盗的加密密钥,美英情报机构不用寻求电信公司和外国政府的批准就可以对手机用户进行监控,同时可以不留痕迹地拦截路经无线网络服务商的通信数据。

二、美国采取措施积极防范

（一）制定系列文件加强对移动设备安全管理,严把泄密关口

近年来,美国根据形势变化相继制定和出台了系列确保移动设备安全的文件。早在2012年,美国国防部就发布《移动设备战略》,提出了美国国防部要从移动基础设施、移动设备、移动应用软件三个方面加强移动能力建设的总体思路和战略布局。

为进一步贯彻落实《移动设备战略》,2013年,美国国防部又发布了《商用移动设备实施计划》和《移动设备管理》等,规范商用移动设备的管理与应用流程。作为《移动设备战略》的具体执行计划,《商用移动设备实施计划》提出要充分利用商用移动设备解决方案和可信云解决方案,降低国防部基础设施的建设和管理运营成本；建立通用的移动应用开发框架,支持不同操作系统间的互操作；要针对涉密和非密信息领域商用移动设备采取不同的实施计划；将国防部移动能力纳入到现有的网络空间态势感知和计算机网络防御中。为进一步加强对商用移动设备的安全管控,《移动设备管理》对商用移动设备和操作系统、商用移动应用程序、政府/开源移动应用程序的管理和审核标准进行具体规定,规范并简化操作流程,以实现商用移动设备、操作系统和应用程序的快速交付与安全使用。

考虑到政府工作人员的智能手机等移动设备更易遭受监听监控,为此,2013年5月,美国国土安全部发布针对政府工作人员的《移动安全参考体系结构》,特别强调要加强政府工作人员移动设备的访问控制、加密、恶意代码检测、设备扫描、远程锁定等。针对操作系统越狱等行为进行有效监控。加强对移动设备上APP安装、设置、更新、运行和退出的控制。

2013年6月,美国国家标准与技术研究院发布《企业移动设备安全管理指南》(NIST SP800-124)。指南强调要从信息系统全生命周期管控角度加强对移动设备的安全管理。

近年来,移动互联网使社交媒体进入了一个新阶段,不少组织和个人都在积极利用各种社交媒体加强信息沟通与交流,与此同时大量涉密信息、敏感信息或工作秘密等不适宜公开的信息通过个人社交媒体外泄。为此,2016年5月,美国国家情报总监James Clapper签署第五号安全行政代理人指令,指出今后美国联邦背景调查中将审查个人社交媒体发布的信息。此次,将重点对已持有安全许可或正在进行安全审核的人员进行严格审查,包括其海外关系、获得境外旅游许可的情况,以及个人社交媒体信息发布情况等更为深入的背景调查等。

(二)打破单一品牌供货模式,加强移动设备安全认证审核工作

为鼓励更多商用移动设备公司为美国国防部提供安全高效的产品和服务,2013年美国国防部开放移动设备与软件采购渠道,打破大量采购黑莓设备为其服务的单一供货模式。与此同时,美国开始执行更为严格的移动设备安全认证审核工作,只有通过审查被列入授权清单的产品才能为国防部提供服务。2013年5—9月,国防信息系统局密集发布《移动设备管理》《移动安全需求指南》《移动应用程序发展指南》等文件来规范商用移动设备、操作系统和应用程序的审批流程,明确国防部网络使用移动设备的具体要求。提高商用移动设备平台的可交互性、扩展性及代码复用,开发、运营和维护访问控制服务。目前,进入该授权清单的产品有黑莓、三星、苹果、微软设备,以及2016年2月刚通过美国国防部认证的微软Surface等。

此外,由于移动设备和技术更新换代的速度越来越快,为与其发展保持同步,美国国防部将商用移动设备的认证审核周期由原来的90天缩减到30天,以确保新型的商用移动设备和技术在国防领域得以快速应用。

（三）加快新产品、新技术研发，改进移动设备安全保密性能

美国根据不同用户对移动设备安全保密性能的不同需求，开发出适用于军方、政府工作人员、普通用户的智能手机及移动设备。

2016年4月，DARPA启动"超安全通信应用程序"研究计划，为美军提供更为安全的通信应用程序。DARPA希望通过与私营部门合作，开发一款黑客都认为安全的通信应用程序，届时该应用程序不仅像Ricochet、Whatsapp等程序使用了加密机制，同时也可像Blockchain一样，通过一个安全的分散协议进行通信，以防止网络攻击和监控。计划分三个阶段进行：第一阶段将专注创建一个信息平台模型，同时实现加密协议和硬件的选择，确保最大程度的通信安全；第二阶段主要是开发、测试和评估平台模型；第三阶段将全面实现平台应用功能，并对其进行商业化推广。

美国国防信息系统局推出新版涉密智能手机操作系统，供政府工作人员及军方用户使用。2015年6月，美国国防信息系统局与NSA合作开发的新版涉密智能手机操作系统（DMCC－S）正式投入使用。DMCC－S当前版本为2.0.5，其改进了通话和故障切换的互操作性，增加了移动设备管理系统，以取代2008年推出的"安全移动环境便携式电子设备"系统。新版涉密智能手机操作系统可实现安全传输，满足通信需求，还可提供更清晰的图像和音质。

2014年，美国Silent Circle公司与西班牙Geeksphone公司合作，成功研发出安全性能更好的Blackphone专业加密手机。它是世界首款专门保护普通用户隐私的智能手机，同年被美国《麻省理工技术评论》杂志评为"2014年十大突破性技术"。Blackphone用户可安全有效控制手机应用程序对硬件功能的使用，如关闭摄像头应用程序对摄像头硬件的使用，关闭网页浏览器对网络的访问。Blackphone的Wi－Fi管理器还可防止手机链接至不可信网络的系统应用程序。

三、启示

移动设备在国防科技工业领域广泛应用是一个不可回避的趋势。通过美国对移动设备的管理可以看出,建立起一套完善的移动设备管理和控制方案是推进移动设备在国防领域安全使用的前提;建立严格的产品准入审核是确保移动设备安全使用的重要保障;不断提高移动设备的安全性能是移动设备在国防领域安全使用的最好推力;努力提高相关人员的安全防范意识和技能是移动设备在国防领域安全使用的关键。唯有在确保安全可靠的前提下,价格低廉而功能强大的移动设备才能广泛地应用于国防领域中,进而有效地服务于国防科研生产。

专题十二：美国加强社交媒体安全保密管理

2016年5月，美国情报总监办公室发布《关于在涉密人员背景审查中收集、使用、保存社交媒体信息的第5号安全执行指令》，该指令的发布标志着美国已正式将社交媒体信息发布情况作为涉密人员背景审查的一部分，以评估该人员是否能够获取或保留接触涉密信息及任职涉密岗位的资格。近年来，美国不断调整和加强社交媒体安全保密管理规定，对于我国加强社交媒体安全保密管理、规范涉密人员资格审查具有重要借鉴意义。

一、美国认为社交媒体存在泄密隐患

社交媒体也称为社会化媒体，是人们在互联网上用来分享意见、见解、经验和观点的工具和平台，著名的社交媒体网站有 Twitter、Facebook、Youtube 和 MySpace 等。它们自诞生之日起就受到了网民的追捧，并影响着几乎所有的社会化活动，即使是军队及其军事活动也难以避免受其影响。与传统媒体不同，社交媒体使用户享有更多的选择和编辑权力，有着被广泛运用和不易控制的特殊性。

2009年，DARPA 开展了一次实验性比赛，以测试是否可以利用社交媒体完成传统情报技术难以实现的任务。结果表明，通过社交媒体进行情报收集工作，具有很大的潜力和可行性。测试专家指出，仅凭微博中一张普通士兵的工作照，就能看出一些军事设施的内部情况。因此，美国认为社交媒体存在泄密隐患。

二、采取系列措施，加强社交媒体安全保密管理

出台相关规定，明确社交媒体使用规范。近年来，美国国务院、总务管理局、国防部、陆军、海军、空军先后颁布了《使用社交媒体》《社交媒体的官方使用指南》《社交媒体官方使用标准化操作程序》《陆军社交媒体手册》《海军、海军陆战队非官方信息发布手册》《空军新媒体手册》，从不同层面、不同角度，全面、细致地规范了如何安全、有效地使用社交媒体。明确不能泄露的敏感信息内容，如技术资料、行动计划、部队调动时间表、部队和舰艇当前及未来位置等。

加强监控与培训，防止敏感信息通过社交媒体泄露。美国陆军组建"军事网络风险评估小组"，负责监控官方、非官方社交媒体网站，有无泄露官方文件、个人联系信息、军事设施地图等信息。同时该小组还承担培训教育和风险预警的职能。

启动与社交媒体相关的研究项目。2011年7月，DARPA启动"社交媒体战略传播"项目（SMISC），该项目可帮助美军更好地掌握网络社交媒体上实时发生的热点事件，发现和跟踪社交媒体热点话题传播全过程及潜在泄密隐患，帮助美军在社交网络上实施大规模的媒体宣传战。

三、将社交媒体信息发布情况作为人员背景审查内容

2016年5月，美国情报总监办公室发布《关于在涉密人员背景审查中收集、使用、保存社交媒体信息的第5号安全执行指令》。该指令的发布标志着在美国要想接触涉密信息或在涉密岗位工作就要通过社交媒体信息发布审查。

该指令适用于已授权开展背景审查的公司、申请接触涉密信息及任职涉密岗位的个人，以及已经在涉密岗位工作但需要重新进行涉密

资格评估的人员。

　　审查机构可使用社交媒体信息进行涉密人员背景审查。将收集、使用、保存涉密人员公开的社交媒体信息（包括涉密人员的日常社交及行为举止等）作为涉密人员背景审查的一部分。审查机构应将收集到的社交媒体信息，纳入审查结果备案，以便裁决机构能及时掌握这些信息，并评判该人员能否获取或继续保留接触涉密信息及任职涉密岗位的资格。该审查并不能取代其他方式的背景审查。

　　需要重点指出的是，涉密人员背景审查的社交媒体信息仅限于公开信息。在审查中，审查机构仅允许通过公共渠道获取社交媒体信息，不能要求被审查人员提供社交媒体的密码，或者私自以审查为目的添加被审查人员社交媒体账户，或对非公开的个人社交媒体开展审查；被审查的社交媒体信息必须是在背景审查规定范围内的信息，例如是否酗酒或滥用药物、是否有违法行为、是否与国外联络等；审查机构在收集个人社交媒体信息时，应尽可能合理、详实，并严格遵守国家安全标准指南等相关规定。

四、启示

　　美国国防部曾出于对"安全和技术限制"的考虑，禁止个人使用国防部计算机网络连接社交媒体网站，并限制军人和文职人员使用社交媒体进行信息发布。然而，经过几年对社交媒体实施封堵、限制，美国发现这种政策并不合适。2010年2月，美国国防部发布备忘录，允许军人和文职人员通过军方的非涉密网络连接包括Twitter和Facebook等在内的社交媒体网站，正式结束了对社交媒体的个人禁令。美国对社交媒体从禁止使用到开放管理的态度值得我们学习和借鉴。

专题十三：美军尝试将区块链技术应用于军事领域

2016年10月，DARPA宣布将尝试在军事领域使用区块链技术（Blockchain technology）保护高度敏感数据的安全，并指出区块链技术在军用卫星、核武器等领域拥有广泛的应用前景。

一、区块链技术的概念和特点

区块链技术，也称为分布式账本技术，是一种基于计算机加密技术的分布式存储数据块，具有公开透明、安全可信、分布共享等特点。目前，区块链技术已广泛用于金融领域。使用区块链技术可实现数据存储与数据加密步骤相结合，由此实现保持信息完整性，对网络或数据库的修改进行永久记录，追踪到系统或数据块被查看或修改的状况，防止系统入侵者盗取敏感数据或掩盖行踪。为此，美军尝试将这项技术应用于军事领域。

二、DARPA将分三阶段推进区块链技术应用

2016年4月，DARPA发布名为"安全信息平台"和小企业创新研究（SBIR）项目征询书，希望利用区块链技术创建一个更为安全、有效、快速的通信平台。该项目将分三个阶段进行。在第一阶段，在现有区块链框架上建立一个特定的分布式消息平台；在第二阶段，将开发、测试和评估具有特定功能的工作原型，其中包括一个分布式区块链应用后台；在第三阶段，将重点关注平台的商业化及部署情况。DARPA指

出，使用分布式消息平台可实现国防部相关工作文档的实时发送和接收，从而减少国防部后台通信的不必要延迟。

目前，该项目正在测试。2016年9月，DARPA与Galois计算机安全公司签署价值180万美元的合同，用于验证使用区块链技术的无密钥签名基础设施（KSI）的准确性。KSI适用于快速检测高级持续性威胁，同时还可以减轻攻击程度，维护系统的完整性。所以即便黑客能够突破漏洞、修改系统日志文件甚至调整安全软件白名单，但是使用区块链技术能够及时跟踪到系统被查看或篡改的情况，从而防止系统入侵者掩盖行踪。如果测试顺利，DARPA表示将进一步在军事领域推广区块链技术应用。

三、未来应用前景

使用区块链技术构建通信平台具有重要的国防价值，DARPA希望利用区块链技术创建安全的通信交流平台。即使在通信遭拒止的环境下，军队也有办法实现安全通信，使其通信系统不易受到黑客攻击。DARPA希望未来可以使用区块链技术保护敏感军事数据安全，如监控核武器指挥与控制、卫星指挥与控制等信息的完整性。与此同时，使用区块链技术也可提高军事后勤、采购和财务的效率。

参 考 文 献

[1] The Highly Capable, Truly Scalable Radar. http://www.raytheon.com/capabilities/products/amdr.

[2] Assessments of Selected Weapon Programs. https://www.gao.gov/products/GAO-16-329SP.

[3] Raytheon's Air and Missile Defense Radar prepares for live target testing. http://raytheon.mediaroom.com/2016-07-07-Raytheons-Air-and-Missile-Defense-Radar-prepares-for-live-target-testing.

[4] Navy DDG-51 and DDG-1000 Destroyer Programs: Background and Issues for Congress. www.fas.org/sgp/crs/weapons/RL32109.pdf, 20140730.

[5] AN/SPY-6 Array Pacific Missile Range Facilit. http://www.asdnews.com/news-67075/AN/SPY-6_Array_Pacific_Missile_Range_Facility.html.

[6] SPY-6 Designation Assigned to Raytheon's AMDR. [2015-1-15]. http://www.seapowermagazine.org/stories/20150115-spy-6.html.

[7] Franklin A D. Science 349, aab2750 (2015).

[8] Sarkar D et al. Nature 526, 91-95 (2015).

[9] https://www.darpa.mil/news-events/2016-05-26.

[10] http://www.darpa.mil/work-with-us/opportunities.

[11] https://www.nitrd.gov/PUBS/national_ai_rd_strategic_plan.pdf.

[12] https://obamawhitehouse.archives.gov/sites/default/files/whitehouse _ files/microsites/ostp/NSTC/preparing_for_the_future_of_ai.pdf.

[13] http://www.defensenews.com/story/defense/innovation/2016/05/16/carter-gambles-silicon-valley-diux-direct-report/84291030/.

[14] http://www.defensenews.com/story/defense/commentary/2016/05/19/take-advantage-reserves-innovation/84587450/.

[15] http://scout.com/military/warrior/Article/New-Army-Technology-Protects-Drones-from-Enemy-Attacks-106146568.

[16] http://www.24af.af.mil/News/Article-Display/Article/1048589/air-force-cyber-declares-initial-operational-capability-on-new-weapon-system-pl.